儿童青少年心理学

（最新修订版）

韦志中　周治琼　著

人民邮电出版社

北京

图书在版编目（CIP）数据

儿童青少年心理学：最新修订版 / 韦志中，周治琼

著. -- 北京：人民邮电出版社，2025. -- ISBN 978-7

-115-65986-6

I. B844

中国国家版本馆 CIP 数据核字第 20253WY007 号

内 容 提 要

儿童及青少年时期，是孩子心理成长的关键时期，也是亲子矛盾频发的时期。在这个时期，父母该如何与孩子进行有效沟通，帮助孩子健康成长呢？

本书选取了作者在儿童青少年临床心理治疗中的十六个典型案例，其中涉及厌学、情绪失控、人际交往、家庭关系、自我认同等方面。这些案例可以让我们窥见不同年龄阶段孩子的心理特点及内心想法，进而理解他们内心的渴望和需要，及时给予其理解和信任，从而减少家庭悲剧的发生，使孩子顺利地迈向人生的下一个阶段。

本书为广大家长、相关的心理学从业者提供了丰富的教育理念和实践经验，值得借鉴和参考。

- ◆ 著　　　　韦志中　周治琼

　　责任编辑　高梦涵

　　责任印制　陈　犇

- ◆ 人民邮电出版社出版发行　　北京市丰台区成寿寺路 11 号

　　邮编　100164　电子邮件　315@ptpress.com.cn

　　网址　https://www.ptpress.com.cn

　　文畅阁印刷有限公司印刷

- ◆ 开本：720×960　1/16

　　印张：13.5　　　　　　　　　2025 年 8 月第 1 版

　　字数：216 千字　　　　　　　2025 年 8 月河北第 1 次印刷

定价：59.80 元

读者服务热线：(010)81055532　印装质量热线：(010)81055316

反盗版热线：(010)81055315

前　言

　　本书选取了我在儿童青少年临床心理治疗中的十六个典型案例，涉及厌学、情绪失调、社交困难等问题。其中儿童青少年的年龄跨度从九岁到十八岁，这可以让读者从中看到不同年龄阶段孩子的心理特点、内心想法，进而理解他们内心的渴望和需要。作为临床心理医生，我从未将我的来访者当成真正的病人看待，更多的是去了解他们最真实的困惑和无助、愤怒和悲伤。他们从弱小无助的孩童时代，走到狂风暴雨的青春期，小心翼翼地成长，变得成熟，这原本就是一个不易的过程。我希望能在他们这一段珍贵而懵懂的人生过程中，为他们提供力所能及的支持和陪伴，给予他们信心和勇气，最终能够使他们相对顺利地走向人生的下一阶段。

　　本书中所选取的全部案例，都是临床工作中令我印象深刻的案例，我希望读者朋友，无论是家长、教师，抑或是青少年自己，都能在层层的文字叙述中发现这些与众不同的儿童青少年出人意料的一面，都能理解他们不为人知的真实面貌。其中的好多孩子，都让我忍不住心生怜惜。比如那个很有意思的故事《"生块叉烧都好过生你"》中的小男孩，在调皮和不可理喻的外表下，有一颗敏感和渴望父母认同的心；又如那个老师和家长眼中的坏女孩，她拼尽全力去跟家人抗争，去表达她对父母的满不在乎，实际上却是在拼命掩饰自己被父母忽略和误解之后脆弱的内心；再如那个胖胖的智力并不高的女孩，她没有放弃自己，而是竭尽全力通过自己的方法，让家长和老师看到她，证明她自己也有价值和闪光点，我至今都记得她将自己所画的画给我看时眼中的光亮。

孩子的世界其实很单纯，即使是这些从医学的角度看来有一定心理问题的孩子亦是如此。只是，他们找不到一个合适的方式去跟世界表达自己，他们渴望被看见、被听到、被理解，却因为不得要领，横冲直撞，而碰得头破血流。

另外，本书中还有大量对家庭模式进行分析的内容，我尝试系统地阐述家庭模式与孩子所谓"症状"之间的联系，希望为广大读者提供一个别样的视角，去看到儿童青少年在自我探索过程中所遇到的阻碍和波折，而不是简单以一个心理医生的视角去给他们贴一个疾病的标签，去否认他们改变的可能性。我总是跟我的家长们说，我之所以选择做儿童青少年心理咨询工作，就是因为我深知他们是一个充满希望的群体，他们的可变性非常强。我曾亲眼见证无数孩子彻底改变了消极的模样，我对他们的未来充满信心。只要家长不放弃，老师不放弃，心理工作者不放弃，孩子即使无数次跌倒，也还是有可能重新站起来，迎接新的人生。

儿童青少年阶段，充满着不确定性和变化性，让人心生惶恐，却也因此充满魅力。

本书成书的初衷便是在家长、教师、普通成人与儿童青少年之间搭起一座理解的桥梁，减少因为误解和失望造成的误会和悲剧。在临床中，我经常会听到、看到这样的情况：当孩子跟父母说自己"可能得了抑郁症"，原本是好不容易伸出的求助之手，却被父母一把推开，换来一顿责骂，"整天想东想西，没病都想出病来"，或者是"小孩子家家，知道什么？自己好好读书"。孩子于是只得失落地收回自己求助的双手，并因此延误治疗，甚至导致无法挽回的悲剧。

目前，我国心理学知识的普及还远远不够。许多人对于心理疾病的了解、认识和接纳程度还比较低，甚至有些家长会认为心理疾病是晦气、不吉利的事情。无奈叹息之余，我希望能为改变这样的现状做一些努力。文中的所有案例基本上是以故事的形式展开，没有强行罩上心理学的神秘面纱，而是以尽可能通俗的语言，呈现层层剖析案例的过程，让读者们能够更直观地理解所有孩子的内心，能包容他们表面的情绪和行为问题，向他们伸出援手，为他们的成长保驾护航。

除了感谢为本书成书付出巨大努力的工作人员，我还要特别感谢本书故事中的每一位主人公。感谢他们信任我，愿意跟我分享他们的故事，并且允许我将故事分享给更多读者和需要帮助的朋友。出于隐私的考虑，本书隐去全部主人公的关键信息，同时对涉及隐私的故事内容稍加加工和调整，以保护我们的来访者，也真诚恳请广大读者不要随意揣测或者对号入座。他们的故事，更像是可能发生在每个儿童青少年身上的真实情景，理解他们，能让我们更理解身边的每个孩子，更好地跟他们相处。

最后，书中若有不当之处，或阐述不够清晰合理之点，亦请读者指正并提出建议，对此我将不胜感激！

目　录

故事一　爸爸是赚钱工具

　　"丧偶式育儿""云配偶""诈尸式育儿"……诸如此类的话题近年来越来越热，人们纷纷批判爸爸们的不作为、老公们的"大爷"作风。我无意参与到这样的争论中。

　　这种现象不是某一方完成角色分配的结果，而是一种共谋和潜意识的选择。我们将从实际的案例中去探讨这种共谋的可能影响，看看在这样的家庭分工中，在这样的角色缺位中，是否真的有完全的受益者。

　　"我爸就是赚钱工具。"这是一个十八岁的孩子对他爸爸的评价，他用了一个比喻，形象地表达出爸爸在家庭中的位置，不带任何情感。

　　他是因为人际关系问题来找到我的。他十八岁，原本应该上高三，但因为休了一年学，现在在上高二。他过来的时候刚复学不久，他一直无法融入班级，自觉比较有个性，跟同学格格不入。他一坐下来就跟我讲了很多自己跟同学的不同，同学感兴趣的事他都不感兴趣，觉得同学都很幼稚，喜欢看小说、打游戏，自己一样都不喜欢，觉得跟他们说话没劲。和同学们没有共同语言，他也懒得找共同语言，加上班里的同学原本就已经同班一年，中途插入的他显得很突兀，慢慢地便被边缘化了。所以，他现在很讨厌去学校，很不喜欢这个班的人。他说完这些就沉默了，因为要说的都说完了，而原本一个小时的治疗时间，他才只说了不到十分钟。我尴尬地笑笑，我明白他的意思：我把问题都告诉你了，你赶紧帮我解决吧。

我并不想去做这个拯救者的角色。

同学感兴趣的他都不感兴趣，这让我挺好奇的，我于是问他："那你对什么感兴趣呢？"他说："电子产品，准确来说是手机。"他喜欢手机可不是喜欢玩手机，或者用手机玩游戏、看视频那么简单。他喜欢的是换手机，跟随手机厂家出新品手机的频率换手机。他有固定喜欢的几个品牌，只要出新款，他就换。平均每个月要换两三个，且从不买低端机，每一部手机大概都要五六千块钱。在休学的那一年时间里，他光是买手机就花费了近十万元。因为经济条件所限，他有的时候会将旧手机卖掉，换成钱添补着买新的。但手机是一个折旧率非常高的东西，一个手机他用十来天，可能卖出去就要少一两千元。不过，他完全不这么看，他觉得自己用着尽可能少的钱，不断更换最新款的手机，是一种有经济头脑的表现。

什么样的家庭有这样的经济实力？是家里有矿吗？恰恰相反，他出生在一个普通的工薪家庭里，妈妈是家庭主妇，全靠爸爸一个人挣钱。为了获得更高的工资，爸爸长期在外地工作，一年可能也就见他两三面。妈妈有时候会趁着寒暑假带他去和爸爸聚一段时间，但在他十八年的生命里，爸爸的形象是异常模糊的。爸爸拼命在外赚钱，只是挣钱的速度永远比不上他花钱的速度，爸爸难免抱怨责备，加上平时相处少，交流少，他印象中的爸爸就变成了一个古板、严肃、动不动就打人的凶神恶煞。父子关系异常糟糕，他甚至不愿意叫爸爸，只是称"那个人"或者直呼其名。讽刺的是，他所花的每一分钱都来自爸爸。

因为距离遥远，爸爸不善表达，长久以来这个父亲表达爱的方式就是给孩子买东西。曾经有一次孩子过生日，想要一个遥控飞机，爸爸二话没说，一万多块的遥控飞机便给他买了。小时候，孩子对爸爸还是有期盼的，等着爸爸回来给他买想要的东西。而现在，这样的方式并没有换来双方关系的改善，只有要钱时，他才会主动去找爸爸，而且开口简单直接："打两千块钱来。"他说："那个人除了打骂我，否定我，跟我没有任何交流，我觉得他不在家更好，最好一辈子不要回来。"他说这种话，是他情绪问题严重的时候。这对夫妻曾经商量要不要让丈夫回来，在离孩子近的地方工作，但被孩子严词拒绝，甚至表示爸爸回来，他就离家出走，这个家"有我没他"。当然，这并不影响他继续用爸爸的钱。有时候他觉得那个男人实在太讨厌了，自己不想跟他说话，于是就找妈妈要钱。我问："你知道你妈妈的钱是你爸给的吧？"他说："知道啊，那又怎样？"是啊，那又怎样？我无言以对。

　　这对父母其实自己非常节俭，舍不得吃、舍不得穿，日用都是最简单的东西，但对小孩却是极尽大方，甚至可以称得上奢侈。从小到大，只要孩子想要，他们都会尽可能去满足。花钱，成为他们表达爱最主要的方式。他妈妈曾经跟我说："我跟他爸爸都是农村出来的，小时候吃了很多苦，很羡慕别的小孩什么都有，所以我们都希望给自己的孩子最好的。"他们想着给予孩子更多物质满足之后，孩子的成长过程中会少一些遗憾，将来就会相对顺利。我们不在此探讨这对父母是在满足自己的需要还是孩子的需要，有如此想法的家长，在临床中并不少见，物质匮乏的环境中成长起来的父母，总是如恶补小时候的自己一般，给予孩子自己曾经梦想的一切，意图将孩子培养成"富二代"。多年后他们才发现，不知不觉间，孩子将一切看作理所当然，不感恩，不自我努力，像寄生虫一般赖在家里，走不出去。

　　这个十八岁的孩子跟妈妈的关系很亲密，他走到哪里，都要妈妈陪着，包括来做心理治疗。他六岁左右和父母分房睡，但是在此期间他的爸爸都是不在家的。他晚上很害怕，妈妈不忍心，有时候也会继续跟儿子一起睡，直到小学毕业，他才基本能够自己单独睡。到十八岁了，他还是有很严重的分离焦虑，他自己一个人的时候会觉得很恐惧、很空虚，妈妈一出门就担心妈妈会出事，会不断打电话给妈妈，问她什么时候回来。一旦妈妈不接电话，他就变得异常焦虑，一个接一个地打，坐立不安，什么事也做不了。每个家长都知道需要逐步跟孩子分离，但分离遇到困难的时候，父母的处理方式，会直接影响到孩子接下来的成长过程。在母子分离的过程中，父亲的参与尤为重要。遗憾的是，他的爸爸在他的整个成长过程中几乎都缺席。

跟这个孩子接触，会让我不自觉地忽略他已经是一个十八岁的成年男孩，总觉得像与十二三岁的小孩相处，跟他说话，感觉他与其他同龄的高中生思维方式总有差距。他很少主动说话，大部分时候都是等着我问，他说自己找不到话题，也不知道谈什么好。不过，他每次都准时过来，当然都是妈妈陪着一起来。他好几次说："我不太知道该怎么跟你表达我的想法，要不然让我妈妈进来跟你说，我妈妈会说得更详细，她更知道我在想什么。"我惊讶起来："她比你自己还知道你在想什么吗？"他低头想了一下，大约是第一次听有人这样问，接着说："可能吧，反正她说得比我好。"于是，我才知道，从小到大，只要与妈妈外出，有熟人问问题，妈妈都会自然地替他回答，他只需要乖乖地站在旁边就好了。妈妈总有说不完的话题，寒暄话说得体面光鲜，他很佩服妈妈这一点，对比之下，自己就笨嘴拙舌，什么都说不清楚，也不会聊天。

他从不主动跟别人聊天，都是对方找他，没有人主动找他时，他就一个人孤独地待着。他上学的大部分时光都是一个人度过的。不过，他也不是完全没有朋友，在初中的时候他幸运地交到了几个朋友，相对比较顺利地度过了初中三年。不过，他的朋友都是女孩子，而且大部分都比他大，他说自己跟男同学聊不来，男同学也不太乐于跟他相处。他说："我跟女孩子相处比较安心，跟男的相处总觉得不自在。"他的女性朋友多把他当"闺密"看待，有什么心里话都跟他说，他是个很好的倾听者。

随着年龄的增长，他与爸爸之间的矛盾也越来越大。他对爸爸的态度也变得非常恶劣。他直接说："我不希望他回来，他一回来只有吵架，打骂我，说我不去上学，说我这不好那不好，说我没前途，将来扫大街都没人要……"他满脸不悦，总结说："总之，我在他眼中就是一无是处。反正这么多年没他在家，我都习惯了。"妈妈会补充说："他爸爸的脾气真的是……我都受不了。"我问妈妈："怎么受不了呢？"妈妈表情凄苦，沉默良久，大约是往事不堪回首，接着说："孩子说他是赚钱工具，我也觉得他是赚钱工具，这么多年，除了拿钱回来，我感受不到他对这个家有什么作用。孩子有错，他除了打骂，从来不会好好说，跟我说话也是，从来没有好语气。"很明显，这个妈妈是站在孩子这一边的，我内心一沉，这可不是一个积极的信号。儿子说得更直接："我觉得我爸根本就配不上我妈，我妈肯定是后悔跟他结婚。"我赶紧问："你怎么知道你妈妈后悔呢？"他回答得很快："我妈自己说的。"我看着妈妈，妈妈大约觉得这样的话不太适合在治疗中谈论，便含糊地回应："没有什么后悔不后悔的，现在关键是治好孩子的病。"她也许并不知道，这样的话，在一个青春期的孩子眼中意味着什么，长久以来独占母亲的经验，让他将父亲视为最强劲的敌人，而这个敌人，原本应该是这个家庭中重要的协调和平衡因素，如今却处境尴尬。

据妈妈说，爸爸听到孩子这样形容自己时心里非常难受，想不通自己近二十年为了妻儿努力工作，换来的却是这样的结局。妈妈也客观地说："我老公确实顾家，也从来不乱花钱，这么多年一个人在外地也一直洁身自好。但是，除了这些，真的没有别的了。"儿子就不同了，这个孩子虽然能力不突出，但是天生擅长跟女性打交道，妈妈说："这么多年，都是我跟孩子相处，我们经常聊天，他什么事情都会跟我说，跟朋友相处的点点滴滴也不会瞒我。"果然是母子连心。可爸爸呢？爸爸自从孩子排斥自己回家后，最近几年一直在新疆工作，有时甚至一年都回不了一次家。为何走那么远？是因为工作调动后，收入也更高了一些。而且只有他把钱给孩子的时候，孩子对他的态度才会稍微客气一点，不会发脾气。当然，这种态度的持续时间很短暂，平时没有特殊情况，儿子是不会主动跟爸爸联系的。妈妈会跟爸爸聊儿子的事情，但多半也是谈不到几句便争吵起来，双方意见完全不一致，最后就变成了互相指责。爸爸变成了这个家中可有可无的存在，平时母子俩很少提到他，虽然双方都知道他真实地存在于这个家庭中。

爸爸成了这个家庭的影子。母子俩却相互依靠、陪伴，谁也离不开谁。

青春期，是孩子和成人之间的过渡期，心理学家埃里克森说，青春期孩子需要完成自我认同，因此会面临自我同一性和角色混乱的冲突。一方面，青少年的本能冲动会带来问题；另一方面，青少年面临新的社会要求和社会冲突时会感到困扰和混乱。所以，青春期的主要任务是建立一个新的同一感或自己在别人眼中的形象，以及他在社会集体中所占的情感位置。埃里克森在 1963 年时说："这种同一性的感觉也是一种不断增强的自信心，一种在过去的经历中形成的内在持续性和同一感（一个人心理上的自我）。如果这种自我感觉与一个人在他人心目中的感觉相称，很明显这将为一个人的生涯增添绚丽的色彩。"很显然，我们故事中的主人公没有顺利地完成寻找自我同一性，并在社会集体中找到自己位置的这个过程。他在集体中找不到自己的位置，他厌恶集体规则，觉得集体中的其他人都无聊、幼稚，同时他又极度自卑，认定自己不会说话，不知道该如何表达自己的内心想法。他在家庭中的位置也同样尴尬，原本应该在孩子位置上的他，站到了爸爸的位置上，去陪伴母亲，开解母亲，当然也由此享受到普通孩子无法享受的权利，在家中拥有着绝对的话语权。显然，这对一个青少年来讲并不是一个舒服的位置，他进退不得，焦虑而彷徨。

按照他的年龄，他原本应该在进入青年阶段时，去体验亲密关系，以此来避免孤独，而他与女友之间的关系，更像是抛弃自我地融为一体，但融为一体后彼此都不舒服，不断争吵，互相攻击，却又无法真正地分开。这不是健康的亲密关系，他在这段关系中也不能真正不孤独。没有对方就活不下去，不是真正的爱对方，那更像是孩子离不开母亲的感觉。因此，从这个角度讲，他并未实现真正的独立，青春期未完成的遗留任务，影响到了他接下来的生活和人际关系。

这个青春期过渡的失败，与父亲的缺席有莫大的关系。

在孩子离家，进入社会集体的过程中，爸爸扮演的是一个榜样的角色，是规则的制定者，当孩子在外遇到挫折往家里逃的时候，需要推他一把，给予他一定的力量和压力；更需要以自己的亲身经历给予孩子一些引导和建议。对于这个孩子而言，这些都是缺失的。母亲过度保护、事事包办，让他对自己的能力评价非常低。与此同时，每次遇到挫折都能逃回家，都有人帮自己善后的经验，让他总是有机会往后退，往家里逃。妈妈一直不断去给他帮助，帮他跟学校请假，帮他承担家庭中原本应该由他来尽的责任，甚至他跟朋友闹矛盾，母亲也会出面调和。这个家庭的秩序是错位的，孩子是这种错位的受益者，也是受害者。他想尽办法将爸爸赶出家门，以便自己可以独占母亲，继续若无其事地留在家里。他享受着这种唯我独尊的感觉。殊不知，长远而言，他将让自己的人生一直卡在家里，看不到未来，他也不可能真正找到人生的价值和意义。

从故事中母亲的角度而言，从小跟孩子"亲密无间"的依恋已经成为一种控制。孩子离不开妈妈，反过来讲，这个近二十年与丈夫分居两地，没有工作，没有过多的娱乐，也没有亲密朋友的母亲，她的情感同样无处安放和寄托，她需要被孩子需要的满足感。很多妈妈会这样说："不行啊，我一离开，他就把事情搞得一团糟。"理由很充分，但不放心、委屈、抱怨中，是有满足的，但这是不健康的情感满足。

男孩会和爸爸竞争自己的母亲，而这场竞争，只要夫妻之间足够相爱，就不足为患。对男孩而言，这场竞争的失败，具有里程碑式的意义，他能够在哀悼和失落中接受"妈妈属于爸爸，而我应该寻找自己的伴侣"。而如果这场竞争他不费吹灰之力便获得了胜利，他又为何要历经千辛万苦去离家呢？

心理分析学家温尼科特说："父亲们，活下来，活下去，在孩子的童年里，不死亡，不退场，熬过生活的艰辛，熬过妻子从对你向对孩子的情感转移，熬过孩子对你的亲近和依恋，熬过他们对你的理想化，熬过他们的愤怒，熬过他们的失望，熬过他们一会儿把你视为神、一会儿视为虫的戏剧性起伏，最终在他们心中成为一个普通的，但却深爱着他们的老男人。你还站在那里，你还坚韧地存在着，因为你是父亲。"① 这个故事之中的父亲，一个阶段都没有熬过，他早早退场，带着悲愤，远离了孩子，也摧毁了孩子。

家庭生活中，跟孩子相处，跟妻子相处，作为爸爸和丈夫的男性很容易生出"算了，我退一步"的想法。而且，爸爸有一个天然的逃避场所——工作。在婚姻家庭中，有一类男人是离家出走的。爸爸在家庭中要经历夫妻相处的挫折和磨炼，在孩子从出生到不断长大的过程中，家庭不断面临着变化和挑战，甚至要经历一些较量和战争。大多数时候，这种较量都是没有硝烟的，是心理上的较量，是关系当中微妙变化的较量。在妻子分娩前后，丈夫就开始落寞，此时他眼中只有自己的妻子，开始天天盼望着新生命的到来，而当孩子出生后，这种落寞达到最高值。小婴儿需要全身心投入地去照顾，需要母亲时时陪伴在身旁，爸爸在此时，能插手的地方并不多。家庭的动力发生了变化。先是夫妻二人，你中有我，我中有你，慢慢变成了母子（女）两个人，爸爸在此时很容易被挤走。三个人的关系中，总有一个人会不自觉地被忽略，但这种忽略不能是长期的，夫妻应当永远是家庭中最稳固、最坚强的连接，夫妻二人需要共同努力，

---

① 出自《何以为父》的译者序，作者孙平。

让丈夫回归，要把孩子推出去，推到集体生活中去。

这个过程并不容易，需要夫妻二人密切配合，需要丈夫不嫌麻烦、不畏拒绝地靠近妻子，夺回自己的地盘。

当然，很多时候男人们懒得去做这件事，他们没有勇气，甚至无所谓，不愿意抢，不愿意夺回自己的家庭阵地，而是选择转移阵地，忘我工作，甚至去寻找新的亲密关系。就好像在战场上两军对垒的过程中，一方还没开战就撤退了，跑得远远的，剩下的一方连对手都没有。撤退是最简单的，社会价值观甚至也纵容着这种撤退："男人只要拿钱回来就算好老公、好爸爸了，不要要求那么高。""男人在外面打拼已经很累了，回家玩玩游戏，放松放松也是应该的。""孩子才是自己的，老公说不定哪天就变成别人的了。"于是，很多爸爸就心安理得地继续"伪单身"的生活。

在临床中，也经常见到另外一种现象，就是退休的爸爸突然遗憾陪家人太少了，孩子好像一夜之间就长大了，自己还没来得及好好管教。于是他满怀热情地要将自己毕生的经验教训都教给孩子，给予孩子全方位的指导和干预。而这时，孩子已经成年，渴望拥有自己的空间，想按自己的意愿安排生活，但是，退休后孤单空虚的父亲却不允许这样，从工作选择，到结婚对象，甚至是日常穿衣吃饭，他都要指导评论一番。当然，孩子已经不是当年那个盼望着父亲回家，喜欢父亲陪伴，仰慕着父亲的孩子了，他不爽便会反抗、嫌弃，于是家庭战争不断，于谁都无益。

孩子的成长只有一次，一旦错过，必然后悔莫及。

故事中的爸爸始终没有出现，治疗一度陷入僵局，找不到方向，没有进展。后来我问男孩："你做心理治疗，是因为你妈妈要你来，还是你自己想来？"他诚实地回答："我妈要我来，我就来了，反正也不是我给钱。"他说："我并不相信我目前的状况能够改善，我觉得我什么都改变不了。"接着，他就会不断冒出一些新的病症来，比如说肠胃突然不舒服，食欲不振，每天吃一顿饭，或者什么都吃不下，短时间内瘦了十来斤。妈妈焦虑地带他到各处寻医问药，他都乖乖去。我问他："不吃饭不难受吗？"他有气无力地回答："我真的没胃口。"而后他又跟学校请了一个月的假，继续待在家里。

他不想好起来，面对外界的压力，他有无法言说的恐惧。

没办法做家庭治疗，面对这个十八岁的孩子，我只能从孩子的角度入手，希望更多地调动他的主动性和责任感。我明确告诉他治疗一定要是他自己愿意来，而且有他自己的目标，不然，没有真正的意义。在治疗过程中，我也不再只是自己去找话题，而是多给他一些空间，他不说话，我也尽量不主动说话。他很多时候仍然沉默，等着我找话题，我便也等着他。他每次过来，我都问他有没有想好自己想说什么，想跟我讨论什么，他也谈到不知道说什么。这是个冒险的尝试，我抱着破釜沉舟的决心，想激发他的主动性，让他看到自己的能力和价值。

这之后，他有很长时间没有来，后来预约了一次，咨询中仍然说在学校很紧张，妈妈总是说他，让他很烦。后来，有半年时间他没有再来。半年后的一天，他突然主动约我，这是一个奇迹般的事情，我都觉得有些难以置信。以前都是他妈妈约好，他只负责出席。不过，我并没有按照他的要求，第二天便立马给他安排，我知道，等待对他而言是有意义的。我刻意给他安排了一个两天后的时间。他准时到来，是一个人过来的。他刚一坐下就滔滔不绝地讲起来，好像变了一个人。他说自己重新回到学校了，这次想找我是因为在学校被老师误会，当众批评了，自己心里很不爽，觉得这个老师师德有问题，所以想立马找我，跟我谈。我轻轻一笑，心想：果然还是如孩子般一刻都不能等，希望对方随叫随到。不过他接着说："但是你没有时间，这两天我自己想了想，又没那么生气了。他是老师，总不可能什么都了解得一清二楚。"我赶紧回应他："所以你自己处理了你的愤怒。"他不好意思地笑笑。接着，他兴高采烈地跟我讲新班级的生活，说这个班的同学人都挺好的，不会对自己另眼相待。因为自己走读，经常给他们带些零食，慢慢地大家就熟悉起来了。当然，他大部分的朋友还是女孩子，用他的话说："至少我跟男孩子普通的交往还是没问题的。"他脸上神采飞扬，像完全变了一个人，有着自信的光芒。他没有提起爸爸，我便没有唐突地问，只是真诚地笑着对他说："看到你的进步，真替你高兴！"他开心地一笑。

　　我并不确定这个孩子是否真的拥有了完整的变化，不知道他再次遇到挫折的时候是否还会想要退回家中，我只能祝福他，希望他能够在集体中找到属于自己的位置，稳稳地待下去，在广阔的天地中，拥有自己的一席之地。

　　父亲们不要再做"赚钱工具""摆设""影子"，在家庭中"活下来、活下去"，找到属于自己的位置，为孩子的成长留下属于爸爸的印记。爸爸，这个光荣的称呼，会伴随孩子一生，带给他们无可替代的影响。

故事二　妈妈的手就是我的手

何为"母子连心"？这个故事让我有了更深刻的体会。

这个小朋友上小学四年级，半年前因为没有完成作业被老师当众批评，当时在教室里就哭起来，回家后却什么都没说。之后他便出现了一系列的情绪问题：在家容易发脾气；想到要去学校就紧张，不愿意出门，等等。渐渐地，他就闹着不愿意去上学，这下家里炸开了锅，爷爷奶奶妈妈轮番上阵，给他上思想课，"怎么能不上学？上学是每个学生应尽的责任，你不能这么任性，这么懒……"大人嘴皮都磨破了，依然不管用，他只是在家哭，赖在床上不起来，就是不上学。好劝不管用，耗尽了家长的耐心。矛盾再一次升级：（家长）打骂伺候。打骂了几次之后，小朋友果然不闹了，每天哭着去上学，仿佛去的不是学校，而是刑场一般。然而好景不长，一段时间之后，无论怎么打骂，他都不愿再去上学，一整天都蜷缩在床上拿着被子捂着头，一声不吭，谁都不见，什么都不要，谁去靠近他，他就大哭大喊，挣扎反抗；晚上也难以入睡，常被噩梦惊醒。家里人慌了手脚，妈妈看着孩子的样子，无比心疼，便辞掉了工作，每天寸步不离地陪着孩子，对孩子基本有求必应，想尽办法哄他开心，不管孩子怎么攻击她都默默承受，如此一个多月之后，孩子才慢慢再次信任了妈妈。不过，他只信任妈妈，只要妈妈，仿佛变成小婴儿一般，妈妈走到哪里便跟到哪里。

　　妈妈陪他去上学，他就跟着去学校。他在教室里有了一个专属的位置，在教室的最后一排，旁边加一个妈妈坐的位置，妈妈正式做起陪读的工作。这份工作二十四小时上班，一刻都不能休息。不管他做什么事都要陪着，听课要陪着他听，他跟朋友玩的时候要站在他旁边，他需要不时跑到妈妈身边寻求妈妈的回应，这些也就罢了，连妈妈上厕所他也要跟着，站在厕所外面等着，弄得妈妈非常尴尬。这个快十岁的孩子，好像长回去了一般，幼稚而黏人，一分钟见不到妈妈就不管场合地大声喊叫起来，若得不到回应就哭闹起来，同班同学怎么看，他丝毫不在意。他还有一些很有意思的表现，比如说老师上课提问，点名要他回答，他却像没听到一般，安定地坐在位置上，不反应，也不抬头，只是坐在那里，要是逼急了就小声说一句"我不在家"，弄得老师哭笑不得。而且，他耐心极好，不管老师等多久他都不回答，连"不知道"也懒得说，就只是沉默。偌大的教室，大家都眼睁睁看着老师，老师被架在一个进退不得的位置上，无辜又无奈。又比如，假使他跟同学发生了矛盾，不管是谁更不对，他都一律第一时间大哭起来，旁若无人，哭声大到整层楼都能听到，而且经久不息，从无中途休息的情况，老师上课也上不了，一直要哭到当事人来给他道歉，全班同学来安慰他，他才慢慢止住。所以，虽然他长得瘦瘦弱弱的，但大部分同学都不敢招惹他，尽量让着他。

　　见我之前，妈妈反复跟我强调，这个孩子以前不是这样的，他以前很乖，是因为被老师批评，家长不知道情况，又打骂他，他才变成了现在这样。言下之意，他现在这个状况主要是外界原因造成的。接着，妈妈又焦虑地表达目前的无助："我们不陪他，他又不愿意去上学，我们也没有办法，学校也给我们很大的压力，说这样陪读对其他孩子影响不好，我们真的不知道怎么办好。"

　　一个孩子，竟然能把全家和老师、同学都弄得只有招架之功，全无还手之力，我倒好奇起来。妈妈犹豫再三，才终于将他带了过来。

　　我仔细打量他：看起来比四年级的孩子要小一些，瘦瘦弱弱的，拉着妈妈。他的手一直放在嘴巴里，一直在咬手指。妈妈告诉我，他从小到大都咬手指，出现情绪问题后，就咬得更厉害了。这个小孩第一次来的时候是爸爸妈妈陪着来的，坐在外面。治疗开始，大部分孩子在动员下都是能独自进入治疗室的。我们在外面僵持了一会儿，他一定要他的妈妈陪着他才愿意进去。他拉着妈妈的衣服，手放在嘴巴里咬着，低着头，表情低落，这样勉强进入了沙盘室。我们尝试让他和妈妈分开坐，但以失败告终，他全程基本上都是一直靠在他妈妈旁边，一步都没有离开。我明显地看出他对那些沙具很感兴趣，但是他扒着妈妈站了很久，一动不动，一直在咬手指。我们鼓励他说："你自己去选，你妈妈坐在这里等你。"他不行，一定要拉着妈妈去沙具架前选，他想要什么，不会自己去拿，而是指给妈妈，让妈妈去拿，或者拉着妈妈的手去拿，然后再放到筐子里面拿下来，拿下来之后就开始摆了。我能明显地感觉到，当他开始去创作沙盘的时候，他是设计好他要怎么摆的，是有自己的想法的，但是他不动，他指挥妈妈去摆。他妈妈就一直说："你自己摆，我也不知道你要怎么摆，我不知道放在哪里。"他不说话。治疗进行了一个小时，他全程一句话都没有说，一直拉着他妈妈的手去做所有的事情，包括去完成沙盘的创作。

　　在这第一次治疗当中，我基本上什么都做不了，因为他光摆沙盘就摆了一个小时。他不断地拉着妈妈去拿新的沙具，添加了很多沙具，塞满了整个沙盘，有空隙的地方全都被塞满了。妈妈很焦虑，不断问："还要添东西吗？都已经放不下了呀。"他不回答，只是拉着妈妈去做他想做的事情，完全没有自己动过手。在这个过程当中我明显能感觉得到，这个妈妈很不耐烦，她说："我的手都被你拉痛了，我觉得我不知道你该摆在哪里。"妈妈越来越烦躁，声音当中的焦虑也在升级，但是这个小孩全程没有任何表情，他不说话，也不生气，也不哭闹，只是拉着妈妈的手，一直拉着，拉过来拉过去，就这样完成了我们的第一次治疗。最后，整个沙盘摆得满满当当，一眼看去，沙具间没有超过一指的空隙，我猜想，若是能加水，他一定会将沙子与沙子之间的空隙都填满。这个沙盘创作，展示了他平静外表下难以表达的焦虑。

他妈妈在每次治疗之前都要跟我汇报他这一周的状况，她总是翻来覆去地说：他一刻都离不开我怎么办？我陪得很累，怎么办？他要是一直好不起来怎么办？他到底要什么时候才能好起来？听到后面，我已经听不到具体内容，只剩下满脑子的"怎么办，怎么办"。我心想，这个妈妈的焦虑，能把一个成年人给淹没，更何况是孩子呢？我内心有些理解这个孩子了。

他是这样子的：在我出现在他面前之前，他跟他家里人有说有笑，谈论得很好；我一出现，他就立刻变了脸，拉着他妈妈的衣服不动，一句话也不说，不管问他什么，似乎都与他无关。我想做一些调整，能够让他和妈妈稍微分离一下。所以我鼓励了好多次，让他自己去选沙具，让妈妈坐在原处，然后暗示妈妈："你坐在这里不要动，看他能够坚持多久。"事实证明他的坚持性好像比我们预想的都要好。他就一直拉着妈妈，抱定你不动我也不动的信念，稳如泰山。妈妈被缠得没办法，还是站起了身。妈妈帮他拿好了沙具，然后放在筐子里面。我当时就想既然都已经选好了，你把这个沙具从沙具架搬到沙盘上面，这么一点距离应该是没有问题的，我也想去观察一下他的这种无法分离到底到了什么程度，去试探一下能不能推动他自己去做这个事情。我就说："妈妈你就坐在这里，我们今天就一定要让他自己把沙具从地上拿到沙盘上面。"

接下来发生的事情超乎我的预料。他走到妈妈旁边，趴在他妈妈肩头，嘴巴里发出"嘤嘤"的声音，用力地咬着手指，就像两三岁的小孩撒娇的样子。我和他妈妈不断地跟他说："你自己去搬啊，很轻的嘛，你可以的。""试一下，你可以的。"但他一直保持一个姿势，一动不动，妈妈坐到旁边的椅子上，他就马上跑过去，继续趴在妈妈肩头，一直保持这个姿势。全程大概持续了半个多小时，只有我跟他妈妈是一直盯着钟表的，因为我们有压力，看着时间一分一秒地流走，治疗却一点进展都没有，要知道那时间都是拿钱买来的。很遗憾，这些对他没有任何意义，他坚定地践行着他的坚持，半个多小时，一直趴在他妈妈的肩头一动不动。不管我们说什么，做什么，他依然故我。

治疗室里的气氛变得有些微妙起来，空气里焦虑的浓度在不断上升，不过他像是戴了防毒面具一般，全不受影响，面不改色，比任何人都守得住。我不由得对他心生佩服。他好像进入了一种无人之境，眼中只有守着妈妈这件事，心无旁骛，誓死践行。沉默一阵之后，妈妈开始哭起来，边哽咽边说：“他的问题好像很严重，我也不知道该怎么办，不知道该怎么处理他的问题，我真的无可奈何了……”哭了一会儿之后，妈妈扛不住他的攻势，还是给他把沙具搬了上来。他很会找台阶下，马上就换了动作，积极地拿着妈妈的手摆放起来，完成了沙盘的创作。他再一次赢得了胜利。

事后我回想，发现自己被卷在其中了，这对母子之间焦虑的连接就像一个旋涡，能把身边的力量都拉进去，被深深地传染。我必须想办法跳出这个旋涡，同时还要借助其他的力量。第三次，我便将他的爸爸请到了治疗室里。这在当时是一个没有办法的办法，我并不确定能否有明显的效果。

惊喜的是，整个治疗室的氛围明显有了改变。

相较于妈妈的焦虑，爸爸更开朗大方，他会开玩笑，会用父亲特有的方式，比如胳肢孩子，拿沙具去逗孩子之类的方式来跟孩子互动。他看到儿子不动，不会坐立不安，他会想办法转移孩子的注意力：“你要选什么，选这个好不好？你喜欢这个动物吗？”当然他的尝试大多数时候也以失败告终。他就又做起鬼脸来，讲笑话去逗儿子，偶尔孩子也会笑，但都躲在妈妈背后笑，把脸埋起来，不让别人看见，除此之外，便没有更多的反应。爸爸也有很泄气的时候，说："我来也没什么用，也做不了什么。他都不理我，只要他妈妈，我也没办法。"说着再次坐回到自己的椅子上。我极力鼓励他，说孩子至少还笑了，前几次他什么回应都没有。爸爸受到鼓舞，便再接再厉。

接着，爸爸见识了孩子与他妈妈之间超乎他想象的难分难舍，看着他拉着妈妈的手去完成整个沙盘创作，全程身体和妈妈黏在一起，以及孩子完全不听从指令的状态。爸爸很沮丧地说："我没想到孩子的状况会糟糕成这样。我以前一个月才回家一次，每次回家待的时间也很短……"说到这里他就停住了，没有继续往下说，神情复杂，妻子也神情复杂地看了丈夫一眼。可以猜到，大意是他跟妻子和孩子没什么交流，对他们的情况都不甚了解。他一直坚信孩子的状况不严重，是妈妈一定要陪着他去上学，是妻子太宠孩子，而且很不满意妻子不听他的劝告。平时，在跟妻子的交流中，他也不断流露出责备的意思，他坚信给儿子来点硬的，儿子很快就可以好起来。总之，他认为妻子是自找的。他不同情，不支持，不理解妻子，克制地指责和埋怨着，不断损害着夫妻之间的关系。他亲自去体验了与儿子互动的挫败，看到妻子面对孩子时的无可奈何，想法才稍有了改变。

这一次治疗之后，这个孩子终于开了金口，让我听到了他虽不大，却可爱的声音。

我尝试问他："你摆的沙盘是什么意思，你想表达什么呢？"没想到他居然认真地回答起来。他怎么说呢？趴在妈妈的耳朵上，悄悄说，再由妈妈把他的话大声地说出来，妈妈似乎很习惯做这件事，做起来很自然。我再三请他自己大声说，徒劳，他依然坚持让妈妈做他的传声筒。我询问他在学校里的情况，他就会说在学校里有一些讨厌的同学，会给他取外号，还说数学老师凶，经常会骂同学，自己很怕。当然，这些都是通过妈妈生动地翻译出来的，他的回答非常简短，惜字如金。他的妈妈很厉害，很懂他的心。全程我都听不清他的声音，他声音实在太小，我干脆放弃了，直接听妈妈的翻译版。他谈到一件事，关于与同学发生矛盾，妈妈便教育他："他打你，你不理他就好了。"孩子不服气地说："爸爸叫我打回去的。"他这句话说得非常清晰、坚定。我留意到这个细节，知道这对夫妻在教育方式上有冲突，另外，爸爸的教育方式能够给孩子力量。

在这之后，他开始用自己的手去完成沙盘创作了，摆自己喜欢的恐龙，一个个处于对战状态，列队站立。摆完之后他继续趴在妈妈的肩头，把手放在嘴巴里，继续咬。与之前相比，他沙盘摆放得很顺畅，不再犹豫不定、不断调换，我能感觉到他焦虑的减轻。他描述自己摆了一个恐龙的世界，恐龙们在打架。我于是指着几只摆在一起的恐龙问他："哪一只恐龙是你呢？"他指着最大的那只，看看我。我很惊讶，这个看起来很无助、很弱小的孩子，他的内在认知竟然是最大的那个才是我，打架最厉害的才是我。他确实厉害，他成功搞定了家人，搞定了同学，甚至搞定了老师，大家都要顺着他，拿他没办法。

我们鼓励妈妈不帮他翻译，让他自己大声说。他便说："妈妈不帮我说，我就听不见了，我也回答不了。"我哭笑不得，于是问他："你的嘴巴在哪里？"猜他怎样回答？他立马躲到妈妈的背后，把自己的嘴巴藏起来。我又问他："你的手在哪里呢？"他把手收起来，也藏到妈妈的背后。我接着问他："妈妈的手在哪里，妈妈的嘴巴在哪里？"几乎没有一丝犹豫，他举起妈妈的手，指着妈妈的嘴巴，跟我说"这里"。我突然就意识到，原来在他的概念里，他跟他妈妈是一体的，妈妈的手就是他的手，妈妈的嘴巴就是他的嘴巴，当然也就不存在他自己动手、自己动嘴。他并不是不会讲话，他只是觉得自己不需要开口，他享受着妈妈帮他做所有事的感觉，享受这种全能的支配感。因此，他才觉得那个最大、最厉害的恐龙是自己，他比父母还要大，大家都要听他的。他在这个过程当中享受的愉悦，是我们这些大人体会不到的。我们以为他很辛苦，很难受，但他的情绪并不仅仅是这样，他是痛并快乐着的。

　　这次治疗结束的时候，我特意跟他握了手，他当时刚好在穿衣服，手还在袖子里，于是就伸给我一只袖子，我就握着他的袖子，清晰而肯定地对他说："对，我是跟你握手，这里面的才是你的手。"

　　接下来的一次治疗，有一个非常戏剧性的转折：妈妈重感冒，发着烧，流鼻涕，咳嗽，喉咙痛到说不出话。妈妈一直在咳嗽，根本停不下来，孩子仍然对着妈妈的耳朵去说话。之前我曾经尝试过很多方法，明示妈妈不要帮他翻译，但收效甚微，妈妈总是会忍不住扛起翻译的工作。这一次，她感冒了，嗓子发炎，疼得厉害，她尝试翻译了几句之后，便摆摆手，说不下去了。她没有办法帮小孩说话。孩子一开始很坚持，问什么也不回答，气氛有一瞬间非常地尴尬，他还是低头吃手指。这时候，爸爸做了一个举动，救了场：他坐到了妈妈旁边的位置上，把小孩抱到了他的腿上。孩子一开始稍微有一点抗拒，但很快就接受了这个方式，爸爸开始跟孩子互动："我要喂你的恐龙吃沙子。"孩子也就跟着喂恐龙吃沙子，两人玩得不亦乐乎。不一会儿，双方便用恐龙打起架来，孩子的攻击性非常强，不管怎么耍赖，他都要想方设法去打败爸爸。他要拿最多的、最大的恐龙，去攻击爸爸手里的恐龙。这是一个很有意思的父子争斗场面。

　　接着，爸爸就单独把他放到凳子上去坐下来，他玩得投入，很自然地坐下了。这是两个多月的治疗以来，他第一次单独坐在凳子上，因而意义非凡。妈妈仍在不停地咳嗽，中途她实在忍不住了，便独自起身出去喝水。我盯着孩子，他居然没有跟出去，但我确信他是知道妈妈离开的。等到妈妈回来之后，我便问他："你妈妈还在不在？"他回头看了他妈妈一眼，说："还在。"这是他第一次直接跟我说话，没有通过他妈妈的嘴巴来传递翻译，而且是直接看着我回答。我强行忍住自己的惊喜，接着问："你知道你妈妈离开过吗？"他头也不抬地回答："知道。"我便直截了当地问："你不担心你的妈妈会离开吗？"他说："不担心，因为'司机'在这里。"说着他看了一眼爸爸。爸爸不开车，妈妈走不了，真是个心如明镜的孩子。

在这一次的治疗中，我能感觉到自己真正在跟一个四年级的孩子谈话，也是他第一次直接跟我对话。我问他："那为什么在学校里你要一刻不停地跟着妈妈呢？"他说："怕妈妈会走。因为学校离家里很近，妈妈走路就回去了。"后来，我才了解到，"陪读"得精疲力竭的妈妈，对儿子在言语上会有不自觉的恐吓："你再不听话，那我就不陪你，我就走了。"我便动员起爸爸这个对孩子来讲代表着力量的角色，来增加孩子的安全感。爸爸绘声绘色地讲起来："我去跟你们校长谈，不让你妈妈出去，让门口的保安不放你妈妈出去，你妈妈私自跑了，我回来批评她……"孩子虽然口头上还是不断否定，不放心爸爸的建议，但我明显地感觉到他身体的放松。

妈妈非常震惊，这一次治疗之后，他在学校发生了非常大的变化。他还是需要妈妈陪着上学，但他可以跟其他小孩正常互动了，没有再出现闹了矛盾就不顾场合大哭的情况。他该完成的学习任务也都能完成，跟同学玩得开心的时候，妈妈不在，他也不再满世界找了。妈妈多次测试他，刻意偶然离开，他竟然都能泰然处之。

有一次，我问他："你喜欢现在的状态吗？"他没有立刻回答，只是腼腆地笑。我又换了个问题："现在的状态有什么好处吗？"我不确定他是否会直接回答这个问题，不过想冒险试一下。事实证明这个孩子是很单纯的，他毫无保留地回答："在学校有一些事情我不想做，老师会因为我情绪有问题，就不勉强我做。有同学欺负我，大家都会来关心我，同学也会跟我道歉，挺好的。"他不想上的课，他就会跟他妈妈说"我不想上"，他妈妈就会带他回家，老师也会允许他提前回家。回家之后，妈妈怕他心情不好，就同意他玩电脑。他在探索中，如发现宝藏一般，知道原来情绪失控可以有如此多的好处，因此一边心中暗暗窃喜，一边享受着因为情绪失控带来的特权。为此，他可以不辞劳苦，声嘶力竭地哭一个多小时，像个小婴儿一般，在哭这件事情上似乎有用不完的精力，妈妈却心痛异常，不自觉地做着一次次妥协。

听完他的话，妈妈难以置信地摇着头，她不相信自己的孩子会有这么多的小心思，更不相信他会装哭来得到自己想要的东西。我便问她："这个一两岁的孩子都会的小伎俩，你怎么不相信十岁的孩子也是会的呢？"我们无意从道德上评判这个孩子的行为，这在孩子看来，不过是一个小游戏，他通过他自己的方式来赢得胜利。所以，当爸爸领悟到他这番话的深意，玩笑着去打他的屁股教育他时，他并不生气，只是带着自豪的笑，像极了一个恶作剧得逞的孩子。是大人将他的全部行为都以大人的视角来看待，将他们成人化、严重化，让无穷无尽的焦虑笼罩着这个家庭，大家都被困在其中，动弹不得。

伴着震惊，妈妈开始哭泣，她说："我一直觉得孩子是因为适应不了学校的状况，是因为在学校受了打击，有很多的挫折应对不了，所以才变成现在这样。我需要去保护我的小孩，我一直是这样想的，我觉得我必须要去扮演这个角色。没有想到的是，我的孩子的想法和我是完全不一样的，我自以为是在帮他，却让他越来越退缩。我没想到会是这样的结果。"确实，这个孩子非常聪明，似乎有一颗七窍玲珑心，狠狠打击了所有大人的"想当然"，他并不觉得这个过程是很悲伤或者很难受的，他甚至非常享受这种他去支配妈妈的全能感，想尽办法实现他说了算的幻想，巧妙地让整个家庭都围着他转，在学校里也用哭泣和胆怯让所有人都听他的，围着他转。这简直是一种理想的人生状态，而他只是用了一点小心思，就完全实现了。他这样乐在其中，自我陶醉，这是他的妈妈完全想象不到的。

妈妈接着说："他一开始因为在学校被老师批评，情绪有明显的问题，渐渐地不愿意去上学，他的爸爸当时不在家，我和他奶奶以为他是不听话，想逃学，就打他、骂他。直到他的情绪问题越来越严重，不愿意让任何人接近他的时候，我们才意识到了问题的严重性。我非常愧疚，是我让他变成这样的，我觉得自己有义务去补偿我的孩子。所以，即使全家人都说我不对，我还是觉得是他们不了解孩子，只有我才是真正为孩子着想……"

妈妈被恐惧和焦虑控制着，担心只要她一不满足儿子的要求，儿子就会回到以前的状态，一个人躲在被子里，谁也不要。她反复说："真的，他不是正常地哭，是那种歇斯底里地哭，影响整个课堂秩序，我除了顺着他、哄着他，没有其他办法。"我心里想，当然一定要这样哭才有用，才能回家，他知道妈妈所有的软肋，完全把妈妈拿捏住了，妈妈还以为是他病得严重，需要小心伺候。母子俩彼此不放心，纠缠在其中，难舍难分。

他究竟是为何跟妈妈的关系如此亲密呢？

这次治疗中爸爸出去了一段时间，结果他眼皮都没抬，仍然自己玩自己的。我故意告诉他："你爸爸出去了。"他仍然继续自己玩，也不看我，说："妈妈在就好了，爸爸在不在无所谓。"爸爸回来之后，我就问孩子："你妈妈是谁的？"他想都没想便答："当然是我的。"我转头看着爸爸妈妈，让他们回答。妈妈没有回答，只是笑。爸爸想了许久，像下了很大决心似的，腼腆答道："妈妈当然要给我做饭的！"这对夫妻年龄并不大，但在亲密表达上，非常含蓄，孩子便理所当然地忽略了这种含蓄，当作不存在。这时候，我才发现这个小孩在这么长的时间里，一直都是坐在爸爸妈妈中间，而且他是理所当然地在这个位置上，享受着这个位置的特权。夫妻关系在这个家庭中是模糊的，可以忽略不计。所以孩子大言不惭："妈妈本来就是我的！"

我于是示意妈妈要坐到爸爸的旁边，妈妈犹豫了一下，坐在了更靠近爸爸但还是有一定距离的位置上，身体有些僵硬。我知道妈妈在这个过程中承受的压力是很大的，焦虑是非常严重的，常常处于崩溃的边缘。我于是问她："你有没有跟你老公商量过，让他帮帮你？"妈妈摇摇头，眼泪又往下流，说只要一跟老公说，他就只会说教，就说应该怎么去做，这样做不对，应该那样做。妈妈有一句形容爸爸的话："当领导的人，是习惯说教的。"是的，爸爸在单位里是领导，习惯指导教育，坚持认为妈妈的教育方法有问题。

爸爸解释说："她可能觉得我需要忙工作，怕给我添麻烦。"接着，我才知道孩子一直到现在都是跟他妈妈一起睡的，爸爸偶尔回来，那就三个人一起睡。爸爸坚持认为这样不行，但双方商量后无法达成一致意见，也就不了了之。妈妈反复说："孩子一个人会害怕，一定要我陪。"我当时想，如果不是因为孩子要妈妈陪着上学，学校施压，他们大约仍不会去处理这个混乱的关系。孩子理所当然地霸占着妈妈，跟妈妈在身体和情感上融为一体，爸爸只在外围指挥，实际已经被边缘化。

要让孩子有独立的自我，还需要爸爸出力。

妈妈再次哭起来，爸爸递上了纸巾，这是这么多次家庭治疗中爸爸第一次主动递纸巾。接着，爸爸第一次主动坐到了靠近妈妈的位置上，在她旁边原来孩子坐的位置上坐了下来。小孩这时候做了一件很有意思的事情，他跑到父母中间说："这是我的位置。"爸爸便说："你没有位置，你不应该坐在这里。"他说："那我就蹲在中间。"接着，这个小小的人就真的蹲在中间开始玩沙盘。我说："那你不就成'第三者'了？"他笑嘻嘻地答道："我就是要做'第三者'，我就要坐在这里。"一开始，我们都在笑他，后来笑容慢慢凝固，父母陷入了沉思。

爸爸大约明白了什么，就说："你怎么挤得过我？"一把就把孩子抱到旁边，他马上又跑回中间。这一次父母没有再给他留位置，他在中间站了一会儿，觉得无趣，就悻悻地坐到了旁边的沙发上，自己玩起来。在这个形象的过程中，我们希望在孩子心中种下一颗种子：外面的世界才是属于你的世界，妈妈是属于爸爸的。

妈妈仍不放心，她总是担忧，没有她陪，孩子是不行的，孩子会情绪崩溃、会害怕。我没有责备她，只是鼓励她，睁开眼睛看看孩子能做到的事情，多相信孩子一些。爸爸站了出来，抓住一切机会劝告妈妈。

最后一次治疗的时候，孩子很自觉地坐到旁边的位置上，全程自己独立完成沙盘创作。爸爸会去跟他互动，妈妈基本上不参与。孩子也曾威胁爸爸："妈妈不陪我就不摆。"爸爸便想到掷骰子的方式，咱掷了多少点，每个人就拿多少个。他渐渐能够遵守游戏规则，在沙盘中分出自己的领地和爸爸的领地，不互相侵犯。摆完之后，他能够坐在离妈妈最远的位置上自己去玩，可以回答我的问题。我问他："为什么你的同学都不需要妈妈陪呢？"他低头笑，不回答。我便夸张地恍然大悟道："哦，我知道了，因为你是小宝宝，所以需要妈妈陪着去上学。"他仍不回答，只是不好意思地笑个不停。我在尝试扭转他的意识，他坚信可以随意支配妈妈是强大的表现，我却要着重告诉他，这是小婴儿才会做的事，是幼稚的表现。要知道，这个年龄的孩子是最不喜欢别人说他是小孩子的，会尽一切可能证明自己的强大和成熟，这样的描述，对他会更有冲击力。

妈妈在爸爸的鼓励下，尝试一步步给孩子留出成长的空间。夫妻俩商量着给孩子精心布置他的卧室，放上他最喜欢的恐龙，制订好规划，逐渐让他自己睡。在学校，妈妈减少陪伴的时间，在他专注听课的时候，跟同学玩闹的时候，跟他打声招呼，便走开。渐渐地，他能够半天都不需要妈妈陪伴了，在同学欺负他的时候，也不再哭鼻子，因为他坚信小女孩才会哭鼻子，男子汉可以反击。他想成为一个男子汉，想拥有力量，展现自己的能力，只是之前用错了方式。

到学期末的时候，他终于能够背着书包自己去上学了。

心理学上有一个概念叫作"全能感"，是指孩子觉得自己无所不能，全世界都围着自己转，身边的人都随叫随到，这在婴儿身上体现得最淋漓尽致。婴儿饿了，就哭，妈妈就来喂奶；尿裤子了，湿湿的不舒服，就哭，妈妈又来了，帮宝宝换尿布；无聊了，也哭，妈妈立刻飞奔过来，查看并知道一切正常之后，知道婴儿无聊了，便陪他玩……婴儿对妈妈是全能支配的，就像他的手脚一般，他想抬起来便能抬起来，想放下便放下。这是一件令人兴奋的事情。然而，这种全能感却是需要在恰当的时候被挫败的。原因很简单，外面世界的人不是妈妈，妈妈也不可能永远有能力满足婴儿全部的要求。如果妈妈不忍心，迟迟不去挫败孩子，勉强自己去应付孩子所有的要求，问题便会出现。

妈妈的手脚，变成了孩子的手脚，被随意支配，双方难分难舍，进而，孩子将全世界的人都当成"妈妈"，老师的问题可以不回答，与同学发生冲突一定要同学道歉，上学妈妈不陪就不去……如若不满足这些要求呢？那就哭。

看过很多家庭之后，我发现，家庭中最清醒的其实是孩子。案例中这个十岁的孩子，他看得最清楚，他跟妈妈紧密相连，他把妈妈控制住，把爸爸排除在外，爸爸妈妈都被他拿捏住了。接着，控制老师，控制同学，用一个情绪问题得到了许多平时得不到的关注和益处。而被焦虑和担忧蒙蔽双眼的妈妈，仍在为他担忧，怕他情绪失控，怕他没办法自己一个人应对困难，坚信自己是在帮孩子。孩子不一定能表达清楚整个过程，但他一定对家庭动力有最敏锐的感受，妈妈怕什么、担心什么，怎样才能吸引到关注，怎样才能让父母不断妥协，他都心如明镜。他沉迷于这样的家庭游戏中，沾沾自喜。我们不能放任他沉迷，是因为他一旦习惯于以小孩子的方式来获得成就感和满足感，那么在外面的世界中，他就会裹足不前，甚或一遇到挫折就逃回家里，最终连起码的社会化都无法完成。

母子之间的分离，需要爸爸的参与和配合。从上面讲的故事中，能看出来妈妈之所以离不开她的孩子，是因为她觉得小孩离不开她。

我一直很感激妈妈的那一次感冒，如果没有那一次感冒的话，我不确定这个孩子能有如此迅速的进步。我想尽各种办法，要妈妈不说话，不要去帮她的孩子做翻译，相信她的孩子能开口说话，均无果。那一次，感冒让这个事事帮孩子解决的妈妈变得"无能"起来，她说不了话，她只能放弃。家长该无能的时候要无能，父母"无能"了，孩子才有机会展示自己的能力。在这个育儿焦虑的时代，父母都担心自己不是好父母，不是优秀的爸爸妈妈，为此不惜一切代价满足孩子的要求。无论是价格高昂的补习班，还是花掉一辈子积蓄的学区房，又或是生活上事无巨细地小心安排……他们费尽九牛二虎之力，在为人父母这个岗位上努力做到一百分。温尼科特说，想成为"足够好"的父母，做到六十分就够了。做到一百分，就是过分得好，过分多了，不是你的责任你也去做了，该孩子自己处理的事情你也帮他处理了。比如，孩子在学校跟同学发生了矛盾，家长跑到学校把对方训斥一顿，把老师训斥一顿。又或者孩子跟弟弟妹妹发生冲突，父母看不过去，就立马奔上去评判："你是姐姐，你要让着弟弟妹妹。"又或者表明公平地各打五十大板："一个巴掌拍不响，你们两个都有错，都该打。"甚或孩子确实犯了错误，甚至触犯了法律，父母还要忍不住出手，找关系，拉资源，帮孩子摆平。仿佛整天坐在直升机上，随时准备为孩子进行后援处理。很多时候，家长问我："孩子出了问题，我该做点什么呢？"我答："不是要做什么，是要不做什么，是不要多做。"少做，不做，适时无能，也是为人父母之道。

总忍不住想做点什么的原因是什么呢？是焦虑。看着孩子不能如自己期待的那样去处理事情就焦虑。案例中的妈妈是看着孩子不开心便焦虑，还有的父母是看到孩子过于活跃便焦虑……总之，孩子如果不能像父母期待的那样去发展成长，父母便接受不了，总想扭转，总想催促，总想做点什么才安心。却不知，父母倒是心安了，孩子这个事件的当事人，却彻底"袖手旁观"了。

促进孩子成长，是要把孩子藏在父母背后的手拉出来，郑重地告诉他："这是你的手。"进而鼓励他："去吧，你可以用你自己的手去尝试，去创造属于你自己的世界。"

故事三　父母真的长大了吗？

　　幼稚、没有责任感、任性、过家家……这一系列的词语，按照常理会用来形容谁呢？叛逆的青少年？调皮的孩子？如果是用来形容已经为人父母的家长，会觉得不可思议吗？

　　没有长大的父母，在我的临床工作中并不少见。

　　有人说，所有的工作都需要持证上岗，都需要有一定的资历和审核标准，只有做父母的标准最低，且没有任何培训和考核，但这份工作又恰恰是影响最大，犯错误的后果也影响最深远的，这形成了一个最大的悖论。我们用一个比较极端的案例来呈现这个过程。

　　这是一个女孩子，我们可以叫她"沉睡的女孩"。她刚上初三，没办法坚持正常上学。在没有服用任何帮助睡眠和镇静神经的药物的情况下，她可以每天至少睡十五六个小时，清醒的时间短暂而宝贵，她可以一天只吃一顿饭，仿佛进入了冬眠状态，她这样的情况已经持续了差不多一年的时间。

　　她从小学习成绩非常好，小学当了六年的班长，从初一开始直到她生病前也一直是班长，还当主持人，参加作文大赛、文艺演出活动，身兼数职，是老师和家长眼中的"别人家的孩子"。但跟她同学六年的小学同学，没有一个人知道她的家庭情况，她也从来不会请任何同学到家里。当然，这并不影响她跟每个同学的关系。她是那种自来熟，总是能在最短的时间内跟陌生人聊到一起，他们那谈笑风生的样子，会让不知情的人以为他们是多年老友。不过这都是表象，按她自己的说法，她小学六年都没有朋友，没有人真正在意她。

无论如何，她的小学阶段还算平稳地度过了。

上初中之后，她仍然品学兼优，而且非常幸运，她终于交了一个朋友，是那种整天形影不离的闺密，这是她第一次觉得自己可以毫无顾忌地完全信任对方，上学变成了一件值得期待的事情。双方无话不谈，而且都喜欢打同一款游戏，因此共同话题很多，用她的话说就是"我终于觉得自己不孤独了"。结果，好景不长，初一下学期时，闺密就开始在全班同学面前孤立她，而且表现得非常明显：上一秒还跟其他同学有说有笑，她一走近，便立马变了神情，借口走开了；放学不再等她；吃饭不再等她……全班同学都看出了端倪，却也不方便干涉。她原本就是自尊心非常强的孩子，几次之后，就不再主动找对方，依旧表现得什么事情都没有发生一样，跟其他同学玩笑打闹，既没有询问对方，也没有跟周围的人侧面打听，表面云淡风轻得好像失去这个朋友，对她一点影响都没有。

只有当夜深人静的时候，她才会翻来覆去地想这件事，回想自己跟朋友相处的全部细节，一件件排查自己所做的事、所说的话，不断猜测是不是自己哪里做得不对、说得不好。一遍遍假设，又一遍遍推翻，内心上演着激烈的斗争，只是，这是不可能会有答案的心理过程，但她控制不住自己，每天不停地想，反复思考。她的纠结程度不像是失去一个好朋友，倒像是豆蔻年华的孩子失恋了一般，魂不守舍。她陷入深深的自我怀疑中，觉得肯定是自己不好，所以朋友才会远离自己。她从未有过地从头到脚嫌弃自己。可是，她白天还是会强迫自己保持开朗乐观的情绪状态，若无其事地跟同学相处，心里没有一刻是稍微放松和平静的。这个过程实在太痛苦了，于是，她想到一个逃避的方法——玩游戏。这个原本只是她学习之余消遣的东西，如今变成了她全部的精神寄托，打游戏的时候什么都不用想，而且那种赢了游戏之后简单的成就感，让她欲罢不能。晚上回到家，胡乱写完作业之后，她便争分夺秒地玩起了游戏，该睡觉的时候，她假装睡觉，骗过了家人，半夜再爬起来继续玩。这一来白天当然是没有精神听课的，不管她怎么强打起精神，都无济于事，老师说的东西完全进不了脑子里，记忆力明显下降，人好像变笨了，成绩也直线下降。她知道这样不行，强迫自己提早一点睡觉，然而没用，根本睡不着，于是忍不住又继续玩游戏。如此过了初二的第一学期。

成绩下降了，老师交代的任务没有完成，班干部应该负责的事情也经常出问题，班主任多次当着全班同学的面批评她，让她要以身作则，表现出一副"怒其不争"的样子。她只是低着头听，不反驳也不表态改正，好像老师的话就是耳旁风，直接从她耳边不着痕迹地吹过去了，气得老师直摔书本。老师反复说："你怎么会变成这个样子？你以前不是这样的，你不能这么自暴自弃！"多次批评无果后，老师失去了耐心，当着全班同学的面，宣布撤销她班长的职务以及课代表、学生会的职务，她也面无表情地接受了。

这时候，她第一次出现了不想上学的念头，并且跟家长提出这个想法。要知道，以前她是那种恨不得没有周末，一周七天都待在学校的孩子。

跳过所有的过程，她直接告诉家里人自己不想上学，家里人暴跳如雷。但据她自己说，她当时告诉奶奶，是希望奶奶可以问一下自己原因，稍微安慰一下自己，因为她自己真的撑不下去了，而这个部分她对家人是轻易说不出口的。

事情的发展跟她预想的完全不同。爷爷、奶奶、爸爸轮番上阵责备她，问她："为什么事情刚发生的时候你不跟我们沟通？就是一个朋友，是什么大事，值得这么大惊小怪！"接着，如临大敌的全家发现了她晚上都在玩游戏的事情，更是炸开了锅，好像心头的疑虑终于找到了合理的解释：其他的理由都是借口，游戏上瘾才是真的！

我们不需要知道电子游戏是什么，它会不会造成近视，它会不会上瘾，我们只需要一个"背锅侠"。现在它叫游戏，十五年前它是早恋，三十年前它是偶像，三十五年前它是香港电影，四十年前它是武侠小说。

正如上面表述的，我们这个故事的主人公的家里人，也找到了游戏这个"背锅侠"。原本期待家人能够支持和安慰自己的孩子，迎来了噩梦般的生活。

"每天醒来第一件事，就是挨骂，"她说，"我说什么都是不对的，家人没收了我的电脑，拔了网线，但他们并没有消气。"我很纳闷："怎么叫没消气？""他们看见我不听话，就生气呗。我奶奶还把我爸叫回来，打了我好几顿。"她爸爸是个长途汽车司机，常年不在家。奶奶觉得孩子目前的状态自己搞不定了，便把儿子叫回来。结果，爸爸不由分说，直接打几顿，骂她"不争气，不听话"了事。面对一个初中生，他们并未觉得打骂有何不妥。

她只能继续回去上学。每天准时去，坐下来便开始睡觉，一直睡到当天最后一节课的下课铃响，就像头脑中安了一个闹钟一般，准时醒来，收拾书包，回家。她不吃午饭，一天之中，不管谁叫她，不管周围发生什么事，多大的声音，她都不会醒。所以，渐渐地，同学、老师也都习惯了，任由她睡。她对这一段经历的解释是："我不会不去上学，因为不去上学会被打骂，我肯定得去上学，不去上学我怎么办呢？"回到家，吃完饭，她继续睡觉，家里人不能把她从睡梦中拖起来骂，因此只能由着她，以为她是因为身体不好，或者学习太累了才会这样。

实在睡不着的时候，心里憋得难受，她便会划伤自己。看着伤口流血，也不止血，不消毒，让伤口自己结痂。我看着她手臂上的伤痕，于心不忍，问："不痛吗？"她苦笑一下："不痛。看着血流出来，心里就舒服了,觉得挺开心的。"后来,她才跟我讲到一件事,因为手臂有伤口,怕被家人发现,她大热天也穿长衣服,尽可能地把伤口遮起来。有一天不小心被奶奶看见,奶奶非常生气,恶狠狠地对我说:"你想做什么就去做什么吧,我们反正也管不了你了,我们这么多年该做的也都做了!"在讲整个事情的过程中,她非常平静,就像在讲别人的事。我内心像被一块大石头压着,有无数情绪在心中涌动,但面对着她的平静,我什么也说不出来。她耸耸肩说:"我能怎么办?"是啊,她能怎么办呢?

她对我说:"我不愿去想这些事情,不知道该怎么去面对,怎么去处理,我想起来很难受,我只能不去想。"我说:"如果你这一年不睡觉,我很难想象你怎么熬得过来。"她看了我一眼,没说话。

她应对的方式是:抽离。

不去想,不去体验,不去思考,她把自己抽身成行尸走肉,麻木地面对着身边发生的一切。因为直面太痛苦,沉浸其中太痛苦,她无法向家里人解释,而面对一团糟的生活,又无从下手去改变。于是,她把头一缩,像鸵鸟一般,躲在自己的羽毛里,呼呼大睡。如此,再难听的话也伤害不到她,她就像是穿上了金丝铠甲,谁都近不得身。所以,她不痛苦,也不快乐,只是麻木。即使因为这样放弃自己的前途,她也不管。

于是,我们想给她安排家庭治疗。

她爸爸来了一次,但不是为了做治疗,他说:"该怎么治疗是你们的事情,我还要忙自己的工作,我对这个孩子已经没办法了,你们觉得该怎么治就怎么治。"言语中让人觉得好像是我们给他添了麻烦。于是,我们便不敢再给他"添麻烦"。

这个小孩来自一个比较特别的家庭,她的爷爷是一个高级知识分子——大学老师。她的爸爸从小就非常调皮,学习成绩也不好,生活在教师家属院里。面对身边优秀的同龄人,这个爸爸便有了非常不幸的童年。爷爷奶奶，特别是奶奶，觉得脸上无光，又希望能够把儿子教好，因此对他是非打即骂，满学校追着儿子打是常事。不过，儿子的成长并没有遂他们的愿，即使家里想尽办法，他还是高中一读完就辍学了。辍学之后他干过很多工作，家里人也想办法给他找过一些工作，但他没有一份工作能做得长久，没有固定的收入，一直都住在父母家里。后来他在网上认识了一个女孩子，第一次见面的时候，他的父母便催促两个人结婚。父母担心他这个样子，没人愿意跟他，好不容易有个女孩子来了，肯定要抓住机会帮帮他。

很快两人就结婚并有了孩子。而这个孩子的人生悲剧便由此开始了。

小孩出生半年后，他俩就离婚了，因为孩子的妈妈觉得在这段婚姻里面看不到希望，丈夫就像扶不起的阿斗，像没长大的孩子，每天想着怎么好玩，跟狐朋狗友出去半夜才回来，不关心她，也不关心孩子。刚开始，孩子的爸爸不同意，双方不断争吵，最后撕破脸，不欢而散，妈妈从此就再也没有出现过，没来看过孩子，没有电话，也没有经济支持。

在半岁的时候，她便经历了第一次被抛弃。

爸爸并没有因此振作起来，承担起做父亲的责任，他照样到处吃喝玩乐，照样心安理得地问他的父母要钱，稍不顺心还会在家里发脾气。年龄大了，爷爷奶奶只能一边摇头叹气，一边继续给钱养着自己的"大儿子"。这个女孩是由他的爷爷奶奶抚养长大的，她爸爸基本不管，连她上几年级都不确定，只有当她在学校被投诉，或者看到她在家里有什么没做好，再或者就像这次一样，居然胆敢不上学一类的事情发生时，爸爸才会跳出来，将她打骂一顿，在他眼中，这就是教育了。爸爸偶尔高兴了，带她出去玩一玩，买些好吃的给她，便是她最美好的记忆了。后来爸爸再婚了，没有再要孩子，但是这对夫妻还是一直住在爷爷奶奶家里。

爸爸再婚，是她第二次被抛弃，自此之后，爸爸基本不再管她。

女孩说："只有我爷爷脾气是最好的，从来不生气，也不打骂我，但他基本不过问家里的事情,家里即使吵翻了天,他都可以安然地坐在房间里看他的报纸,或者看他喜欢的书。"这个家基本上就是由奶奶来管。奶奶是一个非常积极、认真、负责的家庭主妇,现在已经六十多岁了,每天仍然勤劳地奔波着,完全不像一个老人。这个孩子的到来,让她的生活有了新的忙碌对象。她全部的注意力都放在这个女孩身上,一刻不得空闲。不管她在家里做什么,奶奶都会评价一番,说她哪做得好,哪做得不好。奶奶不止一次跟她说:"我就是后悔当时没好好管教你爸,你爸现在才这么没有出息,我一定要好好教你。"因此,她事必躬亲,生怕孙女有一点闪失,当然,也生怕她哪里做得不好。女孩在家里不敢有半点松懈,做事都小心翼翼的,尽可能让奶奶满意,当然,奶奶基本不可能有满意的时候,总能挑出错来。

女孩说:"我在家里,总有一种寄人篱下的感觉,所以,我尽可能什么都做到最好,让他们满意。"原来这个品学兼优,在学校总有用不完的精力的孩子,老师眼中的好学生,同学眼中的好同学,是这样一步步培养出来的。

她休学一段时间之后再回去上学还是适应不了,转到技校之后也只读了一两个月,就再也无法坚持,再次回到了家里面跟他爷爷奶奶生活在一起。每次见到她,她都打着哈欠,不管跟谁说话都满脸倦意,说话也有气无力的,总是说睡不够。她的话里都夹杂着哈欠:"我每天都睡不醒,我就是觉得特别困,我也没办法。"奶奶谈到她就直摇头,说:"我们只能尽我们最大的能力,要怎么样就随便她吧。"说完低头,无奈地叹气。自从我们建议家庭治疗但爸爸拒绝过来后,女孩就不愿意再做心理治疗了。治疗走进了死胡同,无路可走。

睡觉总比结束生命好,权宜之计也罢,无奈也罢,好歹也算一条路。做心理咨询的时间久了,时常会碰到很无奈、能改变的部分非常有限的案例,特别是在家人不配合的情况下,那种无力感,很让人气馁。

　　这是一个情况相对极端的家庭，在她的父母组成的小家庭中，爸爸妈妈都是没长大的孩子，因为错误的结合将她带到世上。妈妈急于摆脱这个错误，不负责任地丢下她一走了之，爸爸无力照顾，也没打算照顾，因此将她丢给了爷爷奶奶。唯一管她的奶奶却总是束缚着她，不断否定她，在她遇到困难、最需要帮助的时候攻击她。奶奶是她唯一相对可靠的依靠，却是她亲近不得的人。这个年近花甲的老人家武装得严丝合缝，她挂在嘴边的口头禅是："我不知道我做错了什么，别人也是这样做，我也是这样做，怎么我教出来的孩子就会变成这样子？"她的潜台词是："我有这样的儿子和孙女已经是非常不幸的了，如果你们还要来说我做得不对，我不应该管，那么谁来管？你以为我想管吗？"我们跟她交流的时候都小心翼翼斟酌着用词，生怕她会误会，认为我们在批评她，更不用说告诉她需要适当地调整和改正了。略感欣慰的是，爷爷脾气好，对女孩也不错，是她稍微敢于亲近的人。但在她需要保护的时候，爷爷只会事不关己地躲到他自己的世界里，仿佛一切都是世人无聊的吵闹，与他这个高人无关。

　　女孩遇到困难时，家人给她的回应，让她觉得家人嫌弃她添了麻烦，弄出这些事情来。奶奶觉得自己这么大年纪，这么辛苦，孙女应该体谅她，努力上进；爸爸只管打她；爷爷不管不顾。每个人对她都满腹抱怨。当然，多年不健康的家庭互动模式，让她没有办法直接表达内心的需要，无论怎么被误解，她都是在心里保持强硬，不多说一句话。自暴自弃是她的反抗方式，也是逃避方式。她放弃做治疗，也是因为她不相信自己的现状能够改变。我有时候庆幸她找到了睡觉这样的方式，让她可以在这个家庭中暂时自保。

　　这个家庭中的每一个人，都谈不上有终极错误，但确实造成了一个悲剧的家庭。

　　在临床中最常见的是父母一方没有长大，在新的家庭中仍然想继续做孩子，享受照顾和关爱，而另一方过度承担的状况，可以形容为"小女孩与爸爸"或者"小男孩与妈妈"的婚姻，这样的婚姻，在一帆风顺时不会存在明显的问题，在家庭遭遇风波和压力时，会显现出其不够稳固的状况来。

一个爸爸曾说："我们家需要挑 120 斤的担子，而且一直都只有我在挑。小孩生病之后，可能 120 斤的担子就变成了 200 斤，我需要有人来分担一下。但是，我老婆不趴在我身上让我挑就很好了。"

一个妻子控诉说："结婚 20 年，家里什么都是我撑着，经济压力要我承担，孩子教育要我承担，家务要我承担，他一直在外地工作，周末回来就自己找地方消遣。"她愤愤地说："他就是想着，就是什么都让你做。我现在就是在忍耐，尽我的责任，等哪一天我忍不了了，他们两个我都不要了，我对他们已经仁至义尽了!"她口中的"他们两个"是指她的老公和女儿。20 年的家庭生活，让她觉得自己是带着两个"孩子"，照顾着两个"孩子"，特别是女儿生病之后，丈夫的不分担、不支持，让不堪重负的她觉得自己随时都想要放弃。

恋爱的时候，一方的不成熟或者任性、小脾气，会被理解为可爱、单纯、有个性，另一方也会享受这种被依赖的成就感；一方出"小孩"牌，对方立马拿出"父母"牌，双方异常契合，仿佛找到了灵魂伴侣。但在婚姻关系中，面对挫折和压力，单靠一个人是很难支撑下去的。这就需要伴侣的支持和陪伴。若伴侣不仅不理解自己，还一味地索取，长此以往，付出的一方内心的不平衡感就会越来越强烈，指责、抱怨、争吵也会随之而来，直到无法维持，婚姻破裂。

有人说，婚姻应该是两个成年男女铸就一个足够坚硬的壳，以抵挡外界的风吹雨打，保护孩子免受伤害，使彼此在压力来临时能够互相汲取力量。所以，两个"小孩子"铸成的壳可能更像"过家家"，表面有意思，其实脆弱异常，不堪一击，稍有不如意就"一拍两散"。一个大人跟一个"孩子"组成的壳，表面风光浪漫，大约也能在一定时间内保持完整，而一旦大风浪来临，则是风雨飘摇，自身难保。成熟的双方、成熟的婚姻，才能带来有安全感的家，才能让孩子在面对挫折时能够勇敢地向家人求助，相信家人愿意给予，也能够给予自己支持和帮助。

家需要两个成年人——从生理到心理都真正成熟的成年人共同建立。风雨来临时，两个成年人共同铸就的坚固的壳，才能真正为孩子保驾护航。

故事四 "乖小孩"之殇

家长最常对孩子说的话是什么？要乖，要听话。乖，通常是我们评价一个孩子的最高标准，但乖孩子却是我临床治疗工作中的主要工作对象之一。

品学兼优，处处为他人着想，懂礼貌，讲规则，从不反驳父母，是老师的小帮手，父母的决定坚决支持……这样的孩子，常会被冠以"懂事""听话""有前途"等标签，是所有家长口中的"别人家的孩子"。然而"别人家的孩子"，却也有难以言说的悲伤和委屈，需要独自咽下。我们有的时候会接触一些重点学校的孩子，他们是众人艳羡的对象，但他们自己却找不到活着的意义和动力，觉得活得很累，相当一部分人有结束自己生命的念头。

乖小孩，是有代价的。

这个女孩子，是在上初二时，出现了严重的强迫跟抑郁倾向。她每天担心学不好怎么办，会用很多仪式动作去缓解自己的焦虑，如反复洗手，反复检查作业，只要发现一个错别字，就整张撕掉，全部重写。她完全看不进去书，上课会被身边人的小小举动所影响，因此会不断提醒自己要集中注意力，但却不由自主地去注意同学哪怕一个打哈欠的小动作。她的状况不断加重，一度无法正常上学，进而引发了其更深的自责，她不断怪自己为什么做不好，别人都可以正常去上学，为什么自己上不了。

自杀的想法随之出现，她觉得这样的自己活着没有任何意义，只会拖累家人，自己不在了，父母就不用担心，就能过更好的生活，自己也能解脱了。她经常一个人坐着，毫无预兆地开始流泪。她告诉我："我看不到任何希望，我的眼前一片漆黑，我厌恶这样的自己，我不知道该如何坚持下去。"每一次会谈，她基本都是从头哭到尾，某些时刻，我都怀疑自己要被她的抑郁拖下去了，要变得跟她一样绝望。

所有事情的起因都来自一次期末考试的失常发挥，这是她多年读书生涯中少有的一次失误，由此牵扯出所有被埋葬的过往时光。

她从小就是那种特别乖、特别懂事的孩子，从什么时候开始呢？比大家预想的都要早，大概从幼儿园开始她就是那种乖宝宝了。幼儿园老师开始教大家写字，每天会有一些学习任务。她每天一回到家第一件事就是自己做作业，非常自觉，完成作业后就看书，做该做的事情。父母有时看不下去，都劝她出去玩，这个才四五岁的孩子说："我要学习，不能耽误时间，玩是浪费时间。"

她从小基本上所有时间都是花在学习、看书上，在整个交谈中她的用语都不太像个初中生，但又莫名让人觉得她将那些道理和知识讲得过于生硬，并不像自己内心所想。她每时每刻都在关注着大人的脸色，大人要她做什么，她就做什么，从不会违背大人的意愿，也从不表达自己的想法，从不提要求。在她父母的记忆里，他们的孩子从来不会像其他小孩一样缠着父母要买这买那。带她去超市，她也只拿一样小东西，无论怎么鼓励，都绝不动手拿第二件。见到大人就打招呼，不多说一句话，不多走一步路。但她也不是内向不爱说话的人，无论跟谁，她都能聊得风生水起。她活泼、乖巧，是典型的"别人家的孩子"。那时候邻居、亲戚、朋友都非常羡慕，都来跟她父母取经："你们怎么把小孩教得这么乖，有什么经验可以传授给我们一下吗？"爸爸妈妈表面客气，内心里却是骄傲、自足的。

用她父母的话说："我们做梦都没有想到，她最后会有这么严重的情绪问题，要反反复复地休学，这对我们来说就像天塌下来一般。"他们期待着孩子顺利地沿着重点初中、重点高中、重点大学读上去，找一份人人羡慕的工作，拥有一个圆满的人生。孩子在这样的光环之下，更加依赖于用学习成绩来形成自我认同，因而对于外界的夸奖越发受用，她活在一个由外界决定自己价值的世界中。她跟我说："我从来不讨厌考试，不讨厌应试制度，我希望天天考试，那样我就能经常被表扬。"不错，那时的她，是应试教育的受益者，是"乖孩子"的代表，她也并不觉得做乖孩子很委屈，外界的夸奖不断强化着她内心"乖孩子"的角色，为此她不惜一切代价。

她的自信心是完全建立在学习之上的，而且完全由外界决定，这就注定她的自信会不稳定，会在过度自负和自卑之间大幅波动。

她在人际关系上就摔了跤。

小学时因为成绩很好，加之一直是班长，是老师眼中的天之骄子，各种光环围绕，小孩子难免容易膨胀，不知天高地厚起来。她在班上特别张扬，成绩不好的全都看不上，说话基本都是眼睛朝天，管理也较粗暴，因此得罪了一些同学，渐渐开始被同学们排挤。大家像约好了一样，她在的地方就都默默走开，去哪里玩也不叫她，她组织的活动大家也不参与。一个十来岁的孩子，从众星捧月到被全班同学排挤，那种落差、无助与彷徨，难以想象，但她没跟任何人说，家人更是一丝端倪都没看出来。她偷偷哭过很多次，但每天依然像没事人一样去上学。在一个孩子混乱而狭小的思维里，这件事情不断被加工发酵。深刻反思、痛定思痛之后，她将全部责任都归结到自己身上：太霸道，太张扬，太以自我为中心。因此她决定调整到另外一个极端——凡事为别人着想，压抑自己的想法，以让别人开心为前提建立关系。

小学发生被排挤的事情之前，学校一直是她能够放松自己、自由表达的地方，她是发自内心喜欢上学。上幼儿园，大部分孩子都是哭着去的，她从来没哭过，反而天天盼着去幼儿园，讨厌周末的到来。曾经有一次，奶奶去接她回家，她抱着幼儿园的柱子哭，不愿回家。家人至今还对这件事情感叹颇多，认定这个孩子天生就是学习的料。小学发生人际关系的问题之后，她在学校开始尽可能地压抑自己，小心翼翼地跟同学相处，生怕得罪任何人。学校成了压抑之地。

带着"讨好"心态的人际关系交往模式，成为她一直沿用的与人相处的方式。她要求自己跟全班同学都要建立起良好的关系，每天像心理医生一样，一直去支持、安慰、倾听同学的声音，只要有人需要帮助，她宁可省出自己的饭钱，牺牲自己的复习时间，也会帮助对方。她每天像打了鸡血一样，开朗、乐观，做所有人的开心果，不生气，不低落。她像陀螺一样不停旋转，仿佛永远不会疲倦。这样做效果显著，她真的跟全班同学都成了朋友，大家都觉得她性格好，学习成绩又好，都愿意跟她交往。

长时间上着发条的生活，透支着她的精力和心力，到初二时，问题终于爆发了。她出现很严重的强迫症状。她会因为一道数学题想不起来，而反复去纠结。她的思维过程大概是这样的：我一定要把这道题想出来；我连这道题都做不出来，我还有什么能力；我自己的学习能力已经没有了，我没办法再搞好学习，我没办法上好的学校，我将来怎么办？活着有什么意义？……这样的强迫思维绕成了一个死结，她能因为所有的小事跳进死胡同中，不断进行自我否定，最终抑郁成疾。

生病之后，她告诉信任的同学她有抑郁症，听到的同学都惊掉了下巴，以为她在开玩笑："你要是有抑郁症，那我们所有人都有抑郁症了。"她继续维持着好不容易建立起来的开朗乐观的形象，只要在同学和老师面前，就永远是笑着的。她也有状态不好的时候，但她绝不在这样的时候去跟同学接触，她宁愿不去学校，也绝不让其他人看到自己状态不好的样子。她说："没有人喜欢看别人哭丧着脸，这会影响别人的情绪。"

她的症状发作得很特别，会在很短的时间内复发，又会在更短的时间里奇迹般地好转。从极度低落到积极乐观，她像变了一个人一样，突然所有东西都想通了，原本认为暗淡无光的未来、一文不值的自己，都突然光亮起来，她有动力去努力了，要争分夺秒地回学校继续奋斗。她跟我分享的都是心灵鸡汤似的积极观念，她会看很多励志故事，坚信"别人能做到，自己也能做到"。对于朋友，她不断要求自己再宽容一点，最好能做到像圣人一般，这样就不会有难受的感觉了。她后来跟我说："并不是我真的好了，我每次复发，家里人都会特别紧张焦虑，不停地问我'你什么时候才能好，你什么时候才能回去上学？'我听了，心里很愧疚，就逼自己快点好起来。"我第一次听说还能逼自己好起来的，严格意义上讲，这不是好，而是将已经暴露的情绪，重新压抑回去。

她就像不停地在跑无数个马拉松，每一次跑得太累，无法再坚持下去时，她便用生病的方式来短暂休息一下。而每当她停下来休息的时候，身边的人就会不断询问："你要休息多久，你什么时候才可以重新振作起来，继续去奔跑？"听得多了，她也觉得自己休息是不对的。别人都在跑，自己停下来便是颓废、是堕落，于是就给自己拼命打气，拼命加油，再次跑起来。只有跑起来的时候，只有呈现自己最好状态的时候，她内心才是踏实的，才觉得身边的家人、老师、同学都是喜欢她的，而这让她所有的付出都变得值得。

到底是怎样的家庭，才能养育出如此容不得自己有半点差错，连生病都会愧疚的"乖孩子"呢？

她是家里的独生女，奶奶一直跟三口之家一起住。奶奶非常能干，照顾家庭是一把好手，样样都可以被评到"优秀"。打扫卫生，打扫得一尘不染，做饭做得很好吃，洗碗都洗得非常干净，简直无可挑剔。相比之下，作为这个家庭的主妇的妈妈就弱爆了。她不拘小节、大大咧咧，少了母亲的温情；对于家务不甚上心，觉得勉强过得去就可以；照顾孩子也马马虎虎，对于孩子的细腻感受不太理解。奶奶在各方面彻底把妈妈给比了下去，于是妈妈做出了选择——让位，既然奶奶做得好，那就让她去做。你做的饭好吃你去做；你打扫卫生更干净，你就去打扫；你照顾孩子仔细妥当，那就你去照顾……我乐得逍遥。因此，这个女孩子基本上是由奶奶带大的，从小也是跟奶奶一起睡，和奶奶更亲近。

妈妈的角色慢慢被奶奶取代，在家庭中逐渐被边缘化了。表面看起来，她是心甘情愿让出位置来的，她也从不与婆婆争执，相安无事地过着平淡的生活。直到她坐在家庭治疗室里她才真正地表达出了自己的愤怒和委屈，她从结婚开始就觉得自己在这个家庭里面没有地位，丈夫总是指责她，这也做不好，那也做不好；婆婆虽然嘴上不说，但明显对她不够尊重，总喜欢在她面前显弄才干；对于自己的孩子，她很想参与照顾，但是没人给她机会。不过，她会用自己的方式来"偷偷参与"，爸爸管教孩子非常严厉和细致，肯德基、麦当劳不能吃，薯片不能吃，冰的不能吃，不能看电视，不能玩手机，不能看杂书……总之，只要他认为不好的，孩子就通通不能碰。但只要老公不在，她就偷偷去买这些东西给孩子吃，偷偷给孩子看一会儿电视，孩子也因此跟她稍稍有些亲近。这样做的后果是什么呢？另一方完全成了坏人，妈妈总是说着"你爸爸不让给你吃"，而不是"这些东西对你身体不好"；而本身，爸爸在她眼中就是脾气暴躁、难以靠近的冰冷形象了。

爸爸年轻时脾气非常暴躁，只要他在家里，全家人连大气都不敢出。孩子曾经给我举了一个例子来证明这一点：女孩有个表哥，平时性格很霸道，基本谁都不怕。有一次他来家里玩，不小心弄坏了一个东西，爸爸回来看见后，劈头盖脸地训了他一顿，表哥只能垂着头听，一句都不敢还。之后，表哥再也没有去过她家。表哥现在已经成年读大学了，还记得当时的事情，还会声音怯怯地跟女孩说："你爸爸真的很凶，我真的很怕他，我现在看到他都怕。"表哥可以因为怕爸爸便不来，女孩小的时候却每天都要面对这样一个爸爸，又不知她该如何应对。

爸爸薪资不高，家庭负担又重，整个人压力很大。我问他妻子："你知道你丈夫当时的情况吗？"她摇摇头："不知道，他什么都没说过，今天我是第一次听他说。"家人一无所知，只知道他太容易发脾气了，于是躲着他，远离他。他说："连我自己也说不清，只知道心里总是憋得慌，一点点小事就想发火。"因此，在长达几年的时间中，孩子长期处于爸爸的吼叫和愤怒教育中。

"爸爸教育你的时候有人帮你说话吗？"她摇摇头。只要爸爸一发脾气，家里人连话都不敢说，更别提帮小女孩说话。爸爸是家庭主要的经济来源，最权威、最有话语权，家人不敢轻易反对他，奶奶稍微劝过几次，也连带被骂了一顿，自此之后，便无人敢管。爸爸会因为她作业字写得不好，就当着她的面把她的作业本全部撕掉，让她重新写，写不完不准睡觉。也有很多时候，她明明乖乖地坐在书桌前，只是稍微发了一下呆，爸爸冲过来就把她的作业本丢在了地上；她明明好好地吃着饭，爸爸突然就拿筷子打她的手。"我完全不知道他什么时候会发火。"她说的时候似乎还心有余悸。

每次她挨打挨骂，奶奶跟妈妈都在旁边看着，想劝又不敢劝。我问妈妈："你认同你老公的教育方式吗？"妈妈很激动地说："肯定不认同，我觉得他就像暴君一样。"接着，大约想起了什么，她的气势立刻弱下去了，不再说话。我没有问她为什么不劝、不阻止，她大约也怕我问这样的问题。妈妈和奶奶会在爸爸离开后，去劝孩子："你下次要小心，下次不要再这样了。"她们觉得这样是唯一能帮到孩子的方式。而这句话的潜台词也就相当于"下次要注意，不要再惹你爸生气了"，总之错的还是孩子，劝告她要改错。

孩子就在这个过程中，小心翼翼地调整自己的行为方式，尽最大的努力改正爸爸所说的错误的行为。每天回到家就做作业，不看电视，不乱跟小朋友出去玩，每次考试都拿高分……她做了"乖孩子"能做的一切，然而，收效甚微，爸爸还是会经常发脾气。

妈妈反复跟我说："我理解女儿面对这样一个爸爸，她的那种无助，我很想去帮她，但是……"不论出于何种原因，女儿感受到的是，她在最需要帮助的时候，没有人帮她。她从很小的时候就开始觉得凡事都只能靠自己，也就不难理解她为何在学校被人排挤了，也没有跟父母吐露半个字。妈妈在面对婆婆要抢她的位置的时候，选择了让出来；在面对丈夫不断去指责她，这做得不好、那做得不好的时候，她再次退缩。她的口头禅是："你们做得好你们去做，反正我做了你们也不满意。"她就真的万事不管，活得像个"已婚的单身女子"，每天按部就班。回避，是她应对所有问题的方式。

她却不知道，有些问题是无法回避的，有些位置是不能让的，不然，会追悔莫及。

妈妈似乎并不明白这个道理。她说："我一直很希望跟女儿亲近一些。"接着她转向女儿理直气壮地说："但是你什么都不愿意跟我说，为什么你在学校承受那么大的压力你不跟我说？"孩子没有说话，一直在流眼泪。我便问妈妈："你觉得这是你孩子的错吗？"爸爸便接过话来说："我老婆说话就是这样，我也知道她并不是要去指责小孩或者其他人，她说出来的话就是这样子。"是的，就像她告诉女儿"下次不要惹爸爸生气"一样，表面是安慰，却暗含着责备。原来这个想亲近孩子的妈妈，用的也是指责女儿的方式去表达亲密，孩子又如何能够亲近她呢？

爸爸在孩子生病之后，做了很多调整，不断反思自己，调整自己的情绪，想去弥补。奶奶在医生的建议下被请回了老家，妈妈不管家里的事，爸爸就承担了所有的家务，不过妈妈并不买账，坚信老公是挑剔她，对她不满意。老公想了很久，开口对妻子说："我要你去学习做家务，把家里面的一些事情安排一下，并不是说你做得不好，我只是希望你可以改变一下，把家庭经营得更好。"妈妈突然流下泪来，哭着说："我这么多年跟他相处，这是第一次听到他说这样的话，以前每次都是说我做得不好，碗也洗不干净，地也拖不干净。我一直觉得他是嫌弃我的，他是后悔娶了我。"说完这段话，妈妈好像突然醒悟了一样，对女儿说："我并没有责备你的意思，我只是希望你有困难的时候，不要自己一个人承担，可以来找我们。"孩子沉默良久，没有回答。

用指责来沟通，是有问题的家庭沟通方式中最常见的方式之一。比如，妻子想让丈夫帮她倒一杯水，她不会直接说"能帮我倒杯水吗？"而是习惯性地说"我都渴死了，你都不帮我倒杯水！"仿佛丈夫天生应该知道她什么时候渴，什么时候需要喝水一般，不然就是对她不够上心。在教育孩子方面就更加明显。比如说，想让孩子体谅自己的辛苦，妈妈一般不会说"妈妈也很辛苦，你要体谅一下妈妈"，而是说"你怎么这么自私，一点也不会体谅我的辛苦，养你也白养！"或者说"我们这么辛苦还不是因为你！"通过指责来表达需要，往往达不到预期的效果，大约会引起两种反应：疏远或自责。婚姻中的另一半疏远的可能性更大，而孩子，引起自责的更多。

在临床中，我经常听到孩子告诉我："我觉得自己很自私，我父母很无私。""我觉得是自己拖累了父母，没有我，他们会生活得轻松很多。""我什么都做不好，总是让父母失望，很没用。"我有时候会问他们："有人是不自私的吗？""没有了你，你的父母真的会过得更好吗？"他们往往很坚定地回答："嗯。"

这个孩子就是自责情形中的典型。

一直以来，她都将学习看得跟她的生命一样重要，在她眼中，学习成绩不好，整个人的价值就没有了，爸爸也不能像以前一样有面子，还要天天担心她。在她生病的这一两年内，父母总是告诉她："你的学习我们已经不在意了。"她还是不信。她坚信，父母对她每一件小事的建议，都是嫌弃。我要是变得不好了，我就不会被爱了。我不止一次地问她："你觉得你爸妈喜欢你吗？"她总是很犹豫："我不太确定。"想了想，补充说："可能有时候喜欢吧。"我问："什么时候呢？"她没有回答，眼泪顺着她白净的脸庞流下来。父母着急地解释："我们当然是喜欢你的，我们就你一个孩子。"父母可能不明白，这样的解释，是道理上的喜欢，而情感的表达，是需要在日常的点点滴滴当中体现的。

她反复休学，反复换班级，成绩渐渐越拉越低，她无法接受这样的状况，害怕去考试，每到考试之前状态就会变得特别差。她很喜欢跟我谈论自己的理想。她说她想做医生，因为可以帮助别人，当她觉得自己的成绩肯定上不了医科大学的时候，深受打击。我尝试跟她去讨论，不是只有做医生才能帮助别人。她一语道破："我接受不了自己做一个平凡人。"在她的观念里，医生，是一个光鲜的职业，一个受人尊重的职业。父母从小希望她优秀，成为人上人，这样的期待，已经深入骨髓。

是不是让患者接受治疗，认真改变，就能使其一切都恢复到从前，甚至突破自我，变得更优秀？这是我开始做临床心理治疗时的自我要求和期待。那时候，我接触重症患者较少，抱着很多不切实际的期待。在给这个孩子治疗的很长时间里，我看到她的努力，看到她的积极主动，他们全家人也抱着殷切的期待，每次治疗都准时过来，从不迟到。过程当中她的状态时有波动，家人从不抱怨，不换医生，不表达挫败，是很"乖"的来访对象。我们在很长的时间中都抱着期待：她可以回到以前，再次优秀。她的父母说他们了解抑郁症，努力就能慢慢好起来。他们回避去想，如果这个慢性病，没有真正好起来的时候呢？或者需要十年八年才能好起来呢？他们不敢想。

孩子也不敢去想，因此选择不断给自己打鸡血，害怕平凡，害怕无法优秀。

有一次我问她的父母："你们了解抑郁症吗？了解你们孩子内心的想

法吗？"他们摇摇头。一个把成绩当成生命的人，当她的成绩不能给她带来认可的时候，是什么感受？抑郁发作的时候究竟是怎样的煎熬，为何会有想结束自己生命的念头？他们想不通，理解不了。我建议他们去看看相关的书籍，去读一些有类似经历的人写的自己的故事。后来，一家人过来，告诉我他们一起读了那篇很火的公众号文章《高考前，那个能上北大的女孩疯了》，两个人一边读一边流泪。那一刻，我才真正觉得这对父母是跟自己的女儿在一起的，而不是单纯地期待孩子好起来，让他们不要再担心。

一家人在一起，便有力量应对所有的风雨和挫折。

她的变化有一个很有意思的转折点——家人答应她买了一只猫。她竟然因此有动力正常回学校上学了，父母都觉得难以置信。同意她养一只猫，在很多家庭中是件很小的事情，但对这个家庭而言却是一个不容易的决定。爸爸以前做过兽医，熟知各种动物身上携带的病毒，对于唯一的宝贝女儿，他们历来是保护有加，也不觉得养宠物会有多大的积极意义。养宠物，在这个家庭是被禁止的。她从小就想有一只宠物，能陪着自己，感受它对自己的天然依赖和活力，只是这个想法一直停留在内心中，从未说出口。跟所有"乖孩子"一样，她很善于通过察言观色来摸清父母的意愿，知道父母不会同意，便连提也不提。她这次鼓起勇气去说这件事，父母的第一反应是担心，担心猫身上携带的病毒，担心家里沙发会被抓坏，担心她会被抓伤……好在，他们说出了这些担心，但没有直接拒绝孩子，一家人开了很多次家庭会议，反复协商，最后决定将这个猫放在阳台，专门给它留一个位置，平时就不让它进屋。女儿想去跟它玩就去阳台，而且规定好打扫卫生、喂养这些琐事都由孩子来完成。确定好之后，家人真的让她养了猫，她也认真地照顾起来。

在漫长的休学期间，爸妈要上班，家里就她自己一个人，她每天连起来做点东西吃、下楼走一下的动力都非常弱。有了猫之后，每天早早就有一个小东西叫她起床，要她去喂吃的，而且猫天性活泼，很有生气，小奶猫更是如此，爱跳来跳去，要主人陪着玩。她说："它对我很依赖，它很喜欢靠近我。"这对于一个处于深层自我否定的孩子而言，是莫大的安慰，这也是一种价值感。"看到它那么有活力，我好像也受到感染似的，去学校也没那么难受了。"她将很多的进步归功于这个小动物，我倒觉得，她的突破在于她能够跟家人表达自己的想法。以前担心提了也会被否定，甚至还会被骂，就不说了，现在有力量去提，本身就是很大的进步，当然，这也跟她内心中对父母的信任度增强有关。以前，她的父母见到我会絮絮叨叨地讲她最近情况好了，她最近情况又不好了。现在变化很大，他们会说："我们一家人相处的感觉比以前好了很多。"

孩子觉得父母是陪伴在自己身边的，不仅是物理空间上的陪伴，而且是心理上在身边的陪伴。她会更有勇气去面对问题，去做出改变。

"乖小孩"的故事讲完了。这个听话的孩子，正尝试着去"不那么听话"，去接受自己的不完美，相信父母喜欢真实的自己。这个过程，需要的时间还很长。

听话的背后是什么？

可能是恐惧。一个上幼儿园的小孩子，每天放学就认真完成作业，做完作业就自己去看书，让她出去玩也不出去，可算是"乖孩子"的典范了，可是她真的那么喜欢学习吗？不想出去玩吗？不是的，那是因为她在家里是如坐针毡一般地小心谨慎，很怕一不小心就会惹爸爸生气，引来一顿骂。她在家里无人保护，只能用她自己的方法保护自己：做好一点，再做好一点。有个在上初中的男孩子跟我说，直到四五年级，父母才允许他走出小区大门。父母平时做生意很忙，大部分时间都留他一个人在家里，他就一个人完成作业，再乖乖看电视，等他们回来。偶尔下楼跟邻居小孩玩一会儿，其他人要一起去小区附近玩，他就不跟去，自己乖乖回家。我问他："你从来没想过自己偷偷出去玩一下吗？对外面的世界不好奇吗？"他说："不知道，那时候就是觉得爸妈说不能出去就是不能出去。"自制力真是好得出奇。沉默了一会儿，他声音低低地说："我也怕跑出去，万一被我妈碰见，她又骂我。"原来，这个孩子有一个很保护他但又极严厉的母亲，他从小习惯了妈妈说什么就听什么，不敢多走半步。当然，这个乖孩子自信心很弱，每次谈话都是小心翼翼的，每到考试，会紧张得全程手脚发抖，生怕考不好。

也可能是压抑。人是有需要的，特别是小孩子，更接近于人本真的状态，小孩子是追求快乐的，所以什么好玩就玩什么，对所有新鲜的事物都怀有好奇心，想去探索。而听话，根本上讲就是压抑这些天性，过度以社会化的标准要求自己，以成年人的规则衡量自己的言行。孩子的世界跟成年人的世界是不一样的，对于规则也是懵懂地理解，对于未来、对于前途，更是模糊得基本没有概念，要做到事事符合成年人的标准，不可能是真正的心服口服，更多的是压抑本能，早早就扮演起大人的样子来。

在小孩子的身体和心理状态下，去践行大人的处事规则，累积到一定程度，一般会有两种结果：压抑到自己也感觉不到，习惯成自然，也就是完全放弃自我，成为没有主见、时时讨好别人的人；另一种则是在长期的内心冲突之下，内心不断自我斗争、消耗，最后爆发甚至是崩溃。

还可能是害怕被抛弃。回想这个案例，这个女孩在家庭中没有稳固可依靠的人。妈妈很想关爱她、理解她，但妈妈没有力量，没有家庭话语权；奶奶年老，跟她没有共同语言，只会照顾她的日常饮食起居；爸爸有话语权、有力量，但又是一个阴晴不定的爸爸，是随时会发火骂人、很难讨其欢心的爸爸。她的乖、听话，更多的是在尽力讨好爸爸，讨好这个家庭中最有权势的成人，以防他生起气来，真的把自己赶出家门。我不止一次听到孩子们跟我讲述曾经被父母威胁抛弃的经过。最常见的是言语威胁，"再不听话就不要你了""再不听话就把你丢到大街上去"；

更严重的便是直接付诸行动，赶出家门。大晚上，把孩子拉出家门，赶到漆黑的走廊里，让孩子走。孩子不敢走，不敢哭，坐在家门口，望着漆黑的走廊，心里瑟瑟发抖。我曾问过好多孩子："你确定家人会开门吗？"有的说："不确定，但是我也不敢走，我哪儿也去不了。"有的说："理智上知道他们会开，心里还是忐忑的。"做得不好、不听话就会被抛弃，这对于没有能力养活自己的孩子而言，是最深层的恐惧。听话、乖，是护身符，是保证自己不被抛弃的唯一法宝。

故事五 "坏小孩"之悲

"不良少年"，这是没那么乖的青少年会被轻易扣上的帽子。不认真上学，甚至不上学，整天在外面玩，乱交朋友，不听话，着装怪异……成为这些孩子最吸引眼球的罪状。也因为"坏"得很明显，这些孩子的悲伤经常会被人忽略。

外在有多叛逆强硬，内在就有多委屈压抑。

但家长们不管这些。家长们一见到你，就恨不得用三天三夜去控诉自己孩子的斑斑劣迹，跟你说："我已经没有办法管了，你们来帮我管管，医生你们来帮我管管我的孩子。"细听下来，心中不免忐忑，这孩子该是怎样的"妖魔鬼怪"，惹得家长如此愤怒无助？在医学诊断中，也会给这些孩子贴上"品行障碍"之类的标签，与同龄的其他孩子相比，他们处于被否定、被嫌弃的边缘。

当孩子来到你的面前时，你会发现他们跟你想象中的完全不一样，他们单纯、直接、真实，可能会说脏话，可能表现得不可一世，但仍可以看出，他们是内心渴望温暖的普通孩子。而且，接触下来你会发现，与这些孩子很容易建立起信任关系，只要他发现你对他并不另眼相待，而是真诚接纳的，他的防备就会完全放下来。

对，叛逆的外表，只是他们的面具，可面具戴久了，会让身边的人忘记去看看他们面具背后悲伤的脸。

　　这是一个十五岁的女孩子，因为厌学、在学校打架、经常彻夜不归等原因，父母焦虑无奈，觉得孩子无可救药，抱着死马当活马医的心态找到我们。父母希望她不要总是出去玩，能乖乖上学，不要化妆，不要弄那么奇怪的发型。总之，要是有"恢复出厂设置"这一功能，父母估计早就迫不及待地将孩子"一键还原"了。父母觉得她浑身上下都不对，需要彻头彻尾地重新洗牌。

　　于是我见到了这个孩子，她顶着一头粉红色的头发，化着妆，叼着棒棒糖坐在我的对面，带着点不屑地说："找我什么事？"在我对她予以解释，表达尊重后，她马上毕恭毕敬，打开话匣子，滔滔不绝地讲起自己的经历和感受。她真的需要一个人倾听和理解：她并不是天生叛逆，也并不是坏孩子，大部分时候，她的情绪其实非常抑郁。

　　这个孩子高中之前的成绩都非常不错，一直是班上的前几名，她不算特别用功，但胜在相对聪明，学习对她来说并不算难。她家庭经济条件很好，在物质上从来没有担忧过，但在同学面前从不炫耀，而且很大方，乐于分享所有好东西，同学找她帮忙也很少推辞。那时候，她在学校的知名度很高，基本上全年级的人都认识她。老师觉得她不是典型的乖学生，评价她小毛病一大堆，但语气里总带着宠溺，毕竟有成绩这块免死金牌在那里。她也以为自己会像大多数人那样，平稳地度过自己的学习阶段，高中大学一直读下去，虽然她谈不上多喜欢学习，但也并不讨厌。

　　但故事总有转折点。

　　她的转折点跟家庭有关。初二的时候，她的父母打算要二胎，跟她商量的时候，她坚决不同意，威胁父母说生了二胎自己就离家出走，再也不回家。总之，有自己就不能有弟弟和妹妹。她的父母一方面希望多一个小孩，家里也会热闹一点；另一方面，是来自老人那边的压力，希望能有一个男孩子传宗接代。父母以为她只是在闹脾气，等到弟弟或妹妹出生，看到小婴儿很可爱，她自然慢慢也就接受了，所以并没有给她做很多思想工作，想让她自己接受现实。为何一个看似优秀又受欢迎的孩子，会那么害怕父母多生一个孩子？父母当时并没有多想。

这也是我接触到的父母常见的处理方式，家庭中达不成共识时，习惯用拖延的方式来解决问题，希望随着时间的推移，对方能慢慢想通，接受现实。对待孩子，这样的方式会更加常见，父母觉得孩子迟早都会接受自己的安排；孩子的看法都比较幼稚，不够长远，听听就算了，等孩子懂事了，就会明白，父母都是为他们好。只是，当今的父母们，低估了这届孩子强大的自我意识，他们不会再那么轻易地接受父母的安排。

女孩初三时，母亲历经辛苦，将妹妹带到世界上。父母充满喜悦，并全身心投入到新生儿的照顾中，全然没有留意到她的情绪此时已经发生了变化。她大部分时间都有些闷闷不乐，与父母冲突明显，对妹妹表达出明显的厌恶，只要妹妹一哭就会发脾气，对妹妹评价非常低：长得难看，哭得难听，又不聪明，将来肯定没出息。用她的原话说便是："父母生了妹妹这个垃圾，把我也变成了垃圾。"那时候她抓紧一切时间待在学校，能不回家就尽量不回家，觉得学校的朋友比家人都对她好，都懂得她。

跌跌撞撞地，读完了初中，参加完中考，成绩还考得不错，她进入当地有名的重点高中学习，这是个人才济济的地方。她的彻底转变也是从这时候开始的。

她在高中班里成了异类，班上的同学都是各地考来的尖子生，学习起来可以用疯狂来形容，学校本身就管理得非常严格，课程安排得非常满，空闲时间需要完成布置的各科作业。但同学们还是觉得不够，抓紧一切时间努力学习，规定六点半起床，五点半全体舍友就都起来看书，平时交流的所有话题，都围绕着学习，相处毫无趣味可言。她本不是刻苦学习的类型，但在这里，不刻苦似乎变成了一种原罪，更重要的是，考试成绩出来，她第一次体会到自己不是大家关注的焦点的感觉。初始她也想奋发学习，但坚持了几天就坚持不下去了，觉得这样太辛苦，可看着同学们都在努力，自己便如坐针毡，每一分钟都非常焦虑，她被这种焦虑裹挟着，动弹不得。

她觉得舍友太爱学习，给自己太大压力，就央求父母给自己申请走读。申请走读之后仍觉得难以适应，就开始借口头痛、肚子痛，不断给母亲打电话，央求母亲带她回家；后来就开始断断续续地上学，没办法完成学校的作业，越来越多的时间请假在家。这一时期，她跟父母的冲突加剧了。她在家里经常吵闹，容易发脾气，曾经有一次因为被爸爸批评，推了她一下，她服了大剂量的感冒药，所幸并未造成较大的伤害。她开始在网上结交朋友，经常打扮得非常漂亮，去外面一玩玩几天，花钱没有节制。父母一开始想到的是经济制裁，没收她全部的零花钱，单纯地期待她没有钱就寸步难行，也就没办法出去玩了。但他们再一次低估了女儿应对困难的能力。你不给钱，她可以跟朋友借。因为之前她给朋友们留下了从不缺钱的印象，因此想要借到钱并不难。借完之后爸爸妈妈没办法，又会去帮她还。当然，不是还完就完了，免不了对她一番数落和责骂，扬言"以后敢借钱就再也不帮你还，别人如果告你，你就去坐牢吧"。对于这样的责骂，这个十五岁的女孩当然不会放在心上，父母比她更怕给她的未来留下污点。在这期间，父母已经对她失望透顶，觉得她懒散、厌学、要求多、爱发脾气、花钱又大手大脚……总之，完全变了一个人，没有一点像父母般勤奋上进，简直无可救药。

他们不知道的是，在这期间，孩子的情绪问题加重，出现了明显的自残倾向，会用刀或圆规划伤自己，割得很深，看到血流出来才会觉得很放松。她不想让伤口愈合，看到原来的伤口会忍不住重新割，全都割在衣服可以遮到的隐蔽位置，父母一直没有发现。跟我交谈的时候，她让我看身上的疤，手臂上大腿上都有。我问她："割的时候疼吗？"她苦笑一下："当时一点感觉都没有，好像在割别人一样。"她甚至说，有时候面对作业有压力，就会割自己，割完之后就会很有动力继续做作业，她很难描述这样做带给她的具体意义，但这确实让她很依赖。

　　她就这样一步步地走向了标准"不良少年"的生活状态：不上学，天天出去玩，夜不归宿，与父母水火不容。父母疲于应对她的所有症状，把她关在家里不让她出去，她就发脾气闹，或者是跟父母谈条件，说我去上学，然后她可能就偷偷跑出去玩了，或者她答应父母去上学，但是父母要答应她什么时间可以出去玩，父母再次宣告对策失败。她跟父母说："有妹妹就没有我！"于是父母就真的把妹妹送回老家，期望她不再闹，期望她乖乖上学，可美好的状况只保持了不到一周，她又对父母各种不满，整个家庭变成了不折不扣的战场。她像个烫手山芋，又像个定时炸弹，父母不敢放下，也不敢拿起来。她的父母一致觉得她早晚会把自己玩进监狱里，反复放狠话："你再这样，我们就真的不管你了！"她却依然故我。这场拉锯战，打得如火如荼，似乎没有休战的意思。

　　作为心理医生，我在这时候进入了这个战场。

　　她很坚定地说："我觉得我跟人相处没有问题，我在外面跟我朋友相处得都挺好的。只是跟爸妈相处的时候，控制不住自己的情绪。"她想了想，继续说："爸妈对我的情绪基本上是不理的，例如我不开心，我焦虑地在家里走来走去，这种时候家人是没有反应的，不会理我，都在照顾妹妹。只是要求我：'在家不要玩手机，不要跟外面那些不三不四的朋友联系'之类的。"他们什么时候才有反应呢？当她在家里发脾气的时候，全家人的关注点都在她身上，爸爸妈妈会同仇敌忾，联手阻止她，教育她，而且通过闹，她能获得很多想得到的东西。听到她这样说，我突然觉得这个故意打扮成熟的高中生，其实还是个并未长大的孩子。

　　不过这些话，她自然不会跟她的父母讲。在家庭治疗当中，她多数时候都很沉默，或者自顾自地玩手机，一副完成任务的旁观者模样。她在父母面前关上了沟通的门。

　　父母百思不得其解，到底是什么让自己原本乖巧听话的女儿，变成一个"小太妹"的？几经思索下，只能让外面的坏朋友来背这个锅："她都是被外面的朋友带坏的，乖乖待在家里，乖乖上学，什么事都没有。"于是父母要求她不要出去玩，不要跟那些朋友接触，甚至每天查她的手机，想尽办法监视她的手机短信，想尽办法找到她朋友的联系方式，让她的朋友不要去跟她接触，不要去跟她玩，不要借钱给她。进而干脆没收了她的手机。但所有的方法都收效甚微，她自然有办法买到新的手机，她的"坏朋友"也似乎更愿意站在她这边。父母焦虑异常，孩子完全不在自己的掌控之中，所有方法都不管用，在子女教育这方面，他们都是失败者，被深深的挫败感打倒在地。这个孩子的爸爸是军人出身，当了多年的军官。在爸爸的生活体系中，规则是非常重要的，服从是高于一切的。放到自己的孩子身上，所有的规则都是她最讨厌的，甚至所有规则她都要去打破，视规则如粪土。不管是学校的规则，还是社会上要求一个孩子的规则，她都完全不遵守。她跟爸爸的冲突非常大，双方甚至曾大打出手，她变得"英勇无畏"，面对爸爸永远都是昂着头。

　　一辈子没有上过战场的军人，遇到了最棘手、最尴尬的敌人。但对于爸爸的种种愤怒，除了观念上的不一致，还有隐隐透出的背后深层端倪。

　　让我们再回味她的那句"妈妈生了妹妹这个垃圾，把我也变成了垃圾"，气愤之外，也透露出悲伤，作为一个孩子，被抛弃的悲伤。她强调一切改变是因为妈妈生了妹妹，仿佛妹妹的出生，跟爸爸一点关系都没有。这跟她的成长经历是有关的，爸爸很少在家，她的成长教育基本都由妈妈和奶奶一手承担。作为老师的妈妈，想极力补偿她缺失的父爱，同时也将所有的情感投注在女儿身上，因而对其非常宠溺，而妈妈的爱，又较多是用金钱的方式来表达。从小到大，妈妈对她金钱方面的要求基本有求必应，考试考好了也是用金钱奖励，想让她做什么事情，也是采用金钱诱惑的方式，虽比较直白，但在她心中，妈妈还是对她好的。当然，另一方面，作为老师的妈妈对孩子的期望也很高，经常唠叨她花钱太多，在家什么事情都不做；对她学习要求也很严格，从小坚持给她辅导功课，挂在嘴边的话就是"怎么这么简单的题你都不会？"因此，孩子是在一种矛盾焦虑的爱中成长的，她对妈妈的爱带着不确定，但又难以割舍。结果，妹妹的到来，彻底引发了她心底的不安，她将所有的愤怒转向妹妹，深信是妹妹把妈妈抢走了，她在家庭中变得孤立无援。祸不单行，她在学校中也适应不良，成绩、人际关系都跌到谷底，她面临着前所未有的自我否定状况。

在很长一段时期内，母亲是她唯一的依靠，在她的成长过程中，爸爸几乎处于缺席的状态。"爸爸"这个人，对于她来说是疏远而陌生的。因此，如果父母发生矛盾，她必然会站在妈妈这边。

大约悲伤的家庭都类似，这对夫妻，用他们自己的话说，就是为了维持表面的家庭完整，一直将就着生活在一起，争吵更是家常便饭。

丈夫很少在家，就在妹妹出生前不久，终于获得转业的机会，可以回到当地工作。这本是一家团圆的好事，但他们似乎都没有做好共同生活的准备。夫妻争吵不断，离婚更是常挂在嘴边的言语，一言不合，就能开吵。某一次，在争吵到差点动手的时候，妈妈带着妹妹夺门而出了。注意，是带着妹妹走的。没有告诉任何人，所有通信工具全部关闭，在工作的学校也告了假，就这么凭空消失了。我们的当事人是放学回家后才知道这件事的，她翻遍了全家寻找无果，附近寻找无果，只能跑去问爸爸，爸爸冷冷地丢过来几个字："你妈妈走了，不要你了，不会回来了。"这对于家长而言，大约是气话，是一种恶狠狠地攻击对方的方式。但对于还在上初中的孩子而言，她却可能会信以为真。

她当真了，而且她无法接受，妈妈是带着妹妹离开的，为什么选择妹妹？也是这时候，她开始觉得家里无比冰冷，无法带给自己安全感，于是开始在网上结交外面的朋友，开始"变坏"。

因为她无法面对这样的现状，所以她要用自己的方式抗争，即使她内心里对这样的方式并不认同。

一个看似玩世不恭的孩子，现在用"垃圾"来形容自己，她很清楚自己在其他人眼中的形象，她如其他人一样厌弃自己。没有未来的孩子，是异类。家人生气的时候会用很"恶毒"的话来说她，从道德的角度彻底否定她，她对此深恶痛绝。她总是气愤地罗列家人的种种不合理的行为：穿睡衣下楼遛狗，会被说成丢脸；不上学，会被说不务正业，这辈子就完了；跟父母顶嘴，会被说成不孝……在这个家庭中，她显得格格不入。但她没有想过离开家，也不知道离开家后自己还有什么地方可去，她用尽方法吸引家人的关注，即使那些关注很多时候会带给她更深的伤害和怀疑。她找不到合适的方式去从这种自我嫌弃、厌恶的状态当中跳出来。她反复控诉家人是在控制她，她很痛苦，但她似乎又很需要这样的控制，在青春期本应离家的年纪，她恐惧与家人分离。

另一方面，她强烈地需要被人接纳，在家里待不住，只有出去玩，跟朋友一起疯的时候，才能感觉到些微的快乐。一旦在家里安静下来，空虚和抑郁就会将她淹没，她说不知道自己为什么活着。这番话，是在我跟进她很久之后她才半试探地说出来的。

后来因为她的状况越来越不受控制，爸爸没办法，只能低头，用各种方式将妈妈接回了家。母亲回来后也没有给她任何的解释，她想问，但又不知如何开口。

然而，事情的发展完全偏离了她的预期。妈妈回来之后，好像完全变了一个人。以前妈妈给她钱都从不犹豫，随手就给几百，从小她在同学眼中就是有钱人家的孩子，她也因为大方而收获了班级同学的接纳。但是爸爸回来之后，妈妈就站到了爸爸那边，无论平时父母吵得多么激烈，在面对自己的时候他们都是"一致对外"，共同控制她的花销。她很愤怒妈妈没有主见，都听爸爸的。在她心中，妈妈再一次背叛了她。

这就是愤怒背后的缘由。她曾经觉得最可靠、最可依赖的妈妈现在已经没有办法依靠了。在他们的家庭中，爸爸说一不二，非常强势，妈妈都是跟着爸爸去做，听爸爸的安排。她感觉到妈妈的不情愿，每次跟爸爸吵完架，妈妈会跟她诉苦，表达自己内心的委屈，但面对丈夫，妈妈说不出来。她不止一次地跟妈妈说："如果你过得不开心就离婚，自己再去找个更好的。"妈妈总是回答说："生活没有那么简单，你不懂。"劝分不成，孩子就想着替妈妈出头，去反抗爸爸，背着妈妈的愤怒和委屈去反抗爸爸。她自告奋勇地帮妈妈做了这件事情，但妈妈好像并不领情，依然跟随着爸爸的意思走，把所有注意力都放在妹妹身上。期待落空，她满腔愤怒无处发泄。她将矛头转向爸爸，跟爸爸几乎是水火不容，爸爸说一句她可以顶十句，甚至在愤怒的时候说："在我心里，爸爸只是一个代名词！"她说不清楚自己对爸爸反感的理由，父女关系逐渐恶化，她对爸爸直呼其名，不再叫爸爸。接着她又将矛头转向妹妹："这个家，有她就没有我。"

这对夫妻觉得他们之间的问题已经持续了十几年，没有办法解决，这么多年勉强生活在一起，虽谈不上多开心，但至少还能过得下去。但孩子的问题刻不容缓，他们把注意力放在孩子身上，孩子所有的问题都会被放大，随时随地会被批评。在家人眼中，孩子现在真的无可救药，他们焦虑异常。这个小孩待在家里就会不断地想往外逃，不断地逃而爸爸妈妈不断地把她抓回来，彼此的信任感就在这种来回过招中越来越低，形成恶性循环，甚至演变成死循环，全家人都卡在其中，动弹不得。

在不断反抗父母的过程中，她彻底变成了一个全身贴满标签的"不良少年"，"你们越要我做什么我就越不做什么。你越要我待在家里面，我就越不待在家里，不让我出去，我就要想方设法地出去。"她觉得在家里的时候，所有人的注意力都放在她身上，但是没有人关心她心情好不好，有没有什么困难，而是一上来就一通训斥，说她这个做得不好那个做得不好，她于是就干脆什么都不做，结果家里人就又会说她像个废物，待在家里什么都不做，你到底要怎么样？她无言以对。用她的话说："我爸妈说我，从来都是不留情面的，他们会用最恶毒的话来说我。"她害怕自己会接受这些恶毒的评价，彻底否定自己，于是拼命反抗，最后矫枉过正，变得与父母水火不容，在斗争中消耗大量心力，对于原本应该投入的事情，应该为自己未来增加筹码的事情，她基本无暇顾及。

我问她："为何你表面看起来对什么都无所谓？"她沉默了很长时间，然后说："我不希望父母看到我脆弱的一面，我觉得那样就是我认输了。"顿了顿，接着说："我从来没有在父母面前掉过一滴眼泪。"我回她："那你很吃亏，为了不认输，要承担那么多的误解和否定。"她无奈地笑笑："因为我也找不到更好的办法。"

后来她说："如果不出去玩，就觉得在家里非常空虚，时间很难熬，感觉不到活着的意义。出去玩的时候，那种短暂的开心可以让我暂时忘记很多东西，什么也不用去想，就觉得生活还是能勉强过下去的。但只要安静下来，我整个人都会非常焦虑，不知所措。"她低着头，眼泪就要滴下来，但终究还是忍回去了。她说："我其实很想像别人一样去生活，做一个大家看来比较正常的女孩子，也希望遇到一个人能够真正对我好。我也应该去挣钱，这样才能养活自己，但是我现在什么都做不了，真的像个废人一样。我除了花钱，好像什么都不会，上学也不能坚持，去工作更不可能。"她不断地自我否定，父母更是接连不断地否定她，让她连站起来的力气都没有，但斗争还要继续，即使心身俱疲，却依然不能退出战场。

我对她说："其实你是希望爸爸妈妈可以听到你的声音，能够相信你的能力，尊重你的选择，但这些似乎都很难。"她无奈地叹口气，点点头。进入青春期之后，所有孩子都会有对独立的渴望，期待家人能够给予他们像成年人一般的尊重，只是她的表达太过狂风暴雨，父母完全被吓到了，更不敢放手。此外，她不明白的是，独立并不代表"我想怎么样就怎么样"，张扬自我并不代表眼里没有他人。当然，父母的婚姻关系也在其中起到了推波助澜的作用，夫妻之间无法相互支持，双方对她的情况都束手无策，无法坚持原则，行为方式也异常矛盾：父母一方面在堵她，希望她不要出去，不要去惹是生非，他们反复强调，这是他们最基本的要求，其他都可以不管；但是另一方面又会去帮她善后，帮她还钱，帮她转学，帮她跟学校求情，于是就变成她无论怎么闹，都不需要为自己的行为承担任何后果。他们一方面说她没有责任感，另一方面却把所有责任都揽在自己的身上。所以，她还是以一个任性的小孩子的姿态，在争取成年人的权利，这注定会失败。而这些失败，会加重她对于父母是否关心自己的怀疑，于是变本加厉地吸引家人的关注。在她的生命中，争吵和愤怒占了大多数，快乐的时候屈指可数，因此她总是会说活得很累，活得很辛苦。

她的爸爸妈妈一直觉得她最大的问题是出去玩，不着家，不听话，他们被这些表面的问题完全牵制住，而没有发现更深层的危险是她内心缺乏对于生命的快乐体验。她表面看起来战斗力满满，有宁死不屈的倔强，但这些都是为了掩藏内心的不安和焦虑，她因此陷入恶性循环：越抗争，越不安；越不安，越抗争，不断地消耗自我，也消耗家人，最后两败俱伤。

俗话说"会哭的孩子有糖吃"。会真实地表达情感，才会有人心疼，有人同情，有人知道你内心的悲伤。但是这种叛逆的小孩，在状态变化之前经历的东西是很多的，不管是人际关系、学习成绩还是在学校和家庭中的格格不入，加之家庭中爸爸的回归、妹妹的出生，这些对她来说都是应激事件，大部分超出她的应对能力。她挫败、惊慌、不安，但在她倔强的脸上这些通通看不出来，因此误解与失望也就随之而来，她所有的眼泪都只能在内心里流。大多数孩子都是"表里不一"的，他们内心的复杂程度绝不亚于成人。小孩子不是白纸，不是什么都不懂，也不是什么都摆在脸上，不会掩饰自己的情绪，特别是对于青春期的孩子，我们更需要"透过现象看本质"。在临床中，我们见过太多在所有人眼中活泼开朗、没心没肺的孩子，深受抑郁症的困扰，"微笑抑郁"这个表述恰如其分地描述了他们的困境。我也见过无数表面乖巧听话、从不反抗的孩子，内心充满着挣扎，在"反抗会内疚，不反抗会压抑得喘不过气来"的矛盾中挣扎。因此也就不必惊讶，有这么多看似"不良少年"的叛逆孩子，内心其实有许多无法言说的悲伤。他们的内心都同样脆弱、无助，需要有人去帮助他们，去拉他们一把，但他们却不知道如何伸出手，找不到合适的方法去求助。因为家庭成长环境和遗传因素等的影响，每个孩子发展出来的应对方式不一样，很多家庭也从没有特定的机会去相互反馈，去检验彼此的表达方式是否真正能使对方准确地接收到信息。这个案例中的孩子，整个家庭的互动方式都是相互指责型的，奶奶指责全家人，父母互相指责，全家人联合起来指责她，上一辈的父母学到的是用忍气吞声来应对指责，她不，她要反驳回去，她做不到压抑。但这样的应对方式在家庭中是不允许的，是违背整个家庭的处事方式的，当然也是不被理解的，甚至要被打压的。

　　家人的应对方式具有维持甚至加重孩子症状的作用。儿童青少年的症状表现纷繁复杂，很多症状看起来很吓人，有的症状看起来则很令人费解，家长们在面对这样的孩子的时候，最容易被症状牵着走，完全乱了方寸。比如，小孩发脾气，可能有一些家长为了孩子不发脾气，就什么要求都满足他；孩子叛逆，经常出去玩夜不归宿，很多家长的第一反应就是把孩子关在家里不让他出去。这种"头痛医头脚痛医脚"的方式，是治标不治本的，家长乱了方寸，被弄得精疲力竭，问题依然没有解决。要知道青少年的症状是非常多、非常复杂的，你堵了这里，症状会从另外一个地方换个模样冒出来：你不让他出去玩，他可以在网上去跟别人交流，甚至想尽办法偷跑出去；你不让他发脾气，你不断去满足他的要求，可能他的脾气会发得更大，因为发脾气有用；你觉得他压力大，给他转学、休学，他可能就形成凡事可以逃避的侥幸心理……我一直认同孩子的教育、心理问题的解决原则需要辨证施治，需要找准病因，需要有良好的治疗关系。不然，越努力，越解决，越糟糕。

以这个案例来说，如果父母能够了解到孩子不愿归家的原因，意识到孩子在家庭中承受的压力，如果孩子能够表达内心的无助和悲伤，双方相互理解，绝不至于让症状愈演愈烈，不断损坏双方的信任关系，形成动弹不得的僵局。

症状只是表面，摸清深层次的内心冲突，重建家庭信任关系，才是能够真正解决问题的关键。症状背后是什么？是不愿暴露出来或者没有办法表达出来的恐惧、自卑，是对父母之爱的渴望，是对父母亲近关系求而不得的愤怒。"坏孩子"的叛逆、不可救药，看似是孩子的问题，归根结底，还是家庭关系的问题。家庭关系修复好了，青少年问题大半都能解决。家长不愿从这个角度去看、去处理问题，原因何在？家庭关系修复起来难，是牵一发而动全身的大手术，必会伤筋动骨，不少家长不愿面对那些陈年旧账，为了免除麻烦，还是得过且过的好。孩子便在这个过程中成了"替罪羊"。而"坏孩子"更是天然的目标转移对象，对其围追堵截，可以让全家人团结一致共同对抗。

终究，这不是帮孩子，只是家长的自娱自乐，或是作茧自缚。就如我们教孩子时常讲的，"面对，才能解决"。悲伤的"坏孩子"恰巧是家庭最忠诚的守护者，透过他们的"坏"，看到他们强势外表下的内心，才是真正的解决之道。

故事六　文化与家庭之战

在目前这个育儿焦虑的时代，各种理论似乎都将矛头指向了家长，觉得父母应该对孩子的问题负全责，"父母是原件，孩子是复印件，有问题应当找原件的问题，而不是在复印件身上去纠结。""原生家庭害人一生。""家为什么会伤人？"大家习惯将原生家庭钉在耻辱架上，尽情批判。我们无意讨论目前流行观念的是非对错，只是想从另一个视角讨论家庭的成长和发展，以及每个人在其中的无奈和挣扎。

家庭由人组成，而是人就会受到文化的影响。当今我们所处的时代，又是变革非常激烈的，原本我们以为理所当然、不容置疑的文化观念，遭受着前所未有的挑战。父母与孩子之间的"代沟"，进入了前所未有的难以跨越的状态，大约不再是"沟"，而是"大江大河"，甚至"大海"。身处这样巨大差异的斗争中，当今青少年更彷徨、焦虑。

我们习惯以简单的指标来评价一个人或者一个家庭的行为和互动方式，标定哪些正常哪些不正常。开朗活泼即为正常，抑郁内向即为不正常；积极向上即为正常，消极逃避即为不正常；不拘小节即为正常，敏感细腻即是不正常……甚至在很多评价体系中，有情绪问题，不按大众期待的方式去安排自己的生活，就被称为不正常。很少人询问这种所谓的"不正常"背后的原因，我们期望通过一遍遍的指责、教育，使问题迎刃而解，却疏忽了关于心理和家庭的问题，本就不是简单的对错是非题，其背后深刻的影响因素，超乎我们的想象。

比如，文化理念的影响。

什么是家庭？家庭的相处方式应该是怎样的？每个家庭成员在家庭中的地位如何？如何在家庭中解决问题和矛盾？凡此种种，我们以为是按照个人的意愿在处理，其实背后都有鲜明的文化观念烙印。

文化观念不同所引发的冲突，在家庭中，随时可以演变为一场战争。

我选择一个潮汕家庭作为案例来分析阐述家庭与文化的相关问题。在潮汕地区，人们千百年来靠海而居，也靠海养活世代子孙，后又散落到各地经商，但每到一地，潮汕人都非常团结，完整地保留着很多文化传统。我所见过的潮汕家庭，都有鲜明的特点，而处在潮汕家庭中的青少年，也面临更直接而激烈的冲突，从中可以更清晰地窥见文化观念与家庭间的紧密联系。

这个女孩求助我们的主要原因是常见的厌学问题，目前她正在上高二。这个孩子刚升入初中的时候，开始没有理由地变得不开心，但是对自己喜欢的事情还保持着兴趣，主要表现是睡得比较晚，早醒，白天听课注意力差，类似轻微的抑郁症状，但尚在能自我调节的范围内。她的学习成绩一直名列前茅，偶有波动，都能自我激励，维持在班级前十名。在这个阶段，我们看到的是一个自我调节能力尚可的孩子。转折出现在上初二的时候，随着科目的增加，学业难度加深，学习压力也加重，她开始抱怨学校作业太多，对老师有诸多不满，每天上学前都万分挣扎，做作业也很难集中注意力，经常写作业写到很晚。随着时间的推移，暴露出的问题逐渐增多。被老师点名回答问题，无法回答，她就觉得老师是故意针对自己，当众让自己出丑。她不断跟家里人表达说父母更偏爱弟弟，说不管自己跟弟弟发生什么冲突，都要求自己要让着弟弟。后因为在学校跑步拉伤了腿，被同学取笑，便不愿再上体育课，心情抑郁加重。

新学期开学，她便坚决地跟家里人讲，认为学校的学习没意思，完成了初中、高中的教育，上了大学，到时候也还是一个普通的人。"我不要上学了，我要自己在家自学，看我喜欢看的书，去做我自己喜欢做的事情，你们谁也不要逼我去学校学习了。"她说得有理有据，而且她当真在家里认真研读四大名著，经常挑灯夜读，只要有人劝她上学，她立刻摆出各种理论驳斥对方，且引经据典，让对方哑口无言，劝说的人根本不是她的对手，完全说不过她。但她的情绪问题仍然明显，大部分时间是不开心的，晚睡早起，睡眠时间很少，完全不出门，在家里时有发脾气的状况。

女孩在第一次跟我见面时，一进治疗室就非常神秘地压低声音问："我谈的这些不会被我爸爸妈妈知道吧？"跟她解释了我们的咨询设置之后，她没有反复确认，便打开了话匣子一般，滔滔不绝地讲起来，我几乎没有插话的余地，只有点头的份。她觉得除了睡眠问题，她其他方面都挺好的，但也承认自己之前为了不去上学，确实在家里有过一些过激的表现，比如，威胁家人说你们让我上学我就去跳楼，在学校心情不好时也有过用刀割手的情况。她很坦白，所有这些方式，都只是为了不让家人勉强自己去上学，她反复强调："我没有病，没有问题，我自己的事情自己可以应对。"

但她并没有收口的意思，她很认真地表达自己，控诉自己的小学老师。她小学成绩很好，但她不是那种特别听话的孩子：大大咧咧，不拘小节，有时会过度活跃，让老师下不了台。班主任年纪较大，要求严格，觉得女孩子就应该有女孩子的样子，应该矜持、守规矩、听话，因此总是不断提醒她要改正、要注意，甚至有时会当众批评她。但她完全不认同老师这一套规矩，觉得那是守旧古板，因此依然我行我素。这个老师说自己几十年的教书生涯中都没有遇到过这么不听劝的学生，彻底被激怒，觉得此学生无可救药，进而要求全班同学都不要跟她做朋友，当着全班同学的面将她批得体无完肤，她一个人躲在厕所哭了一整天，没有同学敢去安慰她。之后的几年，她便一直独来独往，一直没有朋友，完全靠自己硬撑过来。幸运的是，她的成绩一直很好，她的支撑还在，她觉得生活还算过得去。我问她："你家里人知道这些吗？"她没有半刻停顿，便说："不知道。我没有想过告诉他们。"这勾起了我极大的兴趣，一个小学生遇到这么大的事情，持续那么长时间地被孤立，居然可以做到让父母完全不知情，其中必有不寻常的地方。她也不掩饰，云淡风轻地解释："我觉得我不管跟父母说什么事情，父母都会说是我自己的原因，让我在自己身上找问题，自己想办法去面对。"说完之后，她低了头，脸上有些许失落，但很快就消失了，继续积极地跟我交谈："上初中之后我就交到了朋友，我觉得初中其实过得比小学要开心。我只是觉得老师讲课讲得太慢了，知识也很浅，很多东西我都会，上课实在没意思，纯粹浪费时间。所以我不想上学，想去研究人骨头，去做考古。"她眼中满含憧憬："我觉得我看书也可以做到，把时间花在自己喜欢的事情上，而不是浪费时间去学那些没意义的东西。"这话很有道理，让人无法反驳。我只是好奇，若是这样，她应该每天动力十足、心情舒畅才对，而不是现在这样焦虑烦躁。

这是很多自尊心较强的孩子典型的表达方式。她不会告诉你她在学校遇到了多大的压力，那对她而言是无法讲出口的部分，换个说法，也就是她无法面对和接受的部分。学校没意思，在学校学不到东西，便是她的保护膜，不能在这个时候去强硬地戳穿她的保护膜，只能等待，等到她觉得足够安全、足够信任你的时候，再去触碰她内心的脆弱。

出乎意料的是，在坐在家庭治疗室中之后，她毫不犹豫地撕掉了自己的保护膜。在我面前时，她是一个自在、自信、侃侃而谈的女孩，但面对父母时，她在那一个半小时的治疗时间中，全程哭泣，情绪处于崩溃的状态。当然，这并不是常态，这是她第一次在父母面前哭。她的父母终于听到了她压抑了十几年的委屈。

　　她开场时做了总结："爸爸妈妈从小到大都一直在否定我，不管我怎么做，爸爸妈妈都不满意，得到的回应永远是这不好那不好。"接着她就展开举例论证：她明明在房间里面好好地看着书，妈妈会突然进来，训斥一通："你看你，把桌子搞得这么乱，床搞得这么乱，还不收拾一下！"她就不得不收拾，因为不收拾她妈妈可能会站在原地数落她一个小时。她很无奈，只要有一点小事妈妈就会非常激动，就会骂她和弟弟。说着，她哭得更加伤心，控诉起家里所有人都重男轻女，所有人都偏心弟弟，不管自己做得多好，家里人都看不到，都只关心弟弟。她眼中的弟弟就是一个恶魔，动不动就撒娇，动不动就哭，动不动就跟父母告状，自己经常被冤枉，然后就会被父母教训。她想解释，但是没有人听她说事情的经过到底是怎么样的，只是叫她要让着弟弟，要听话。她很多时候只能自己心里委屈，也没办法说，因为说出来没人听，渐渐也就不愿再说，而是将所有不满都压抑在心里。她平静了一点之后说："妈妈经常让我来教弟弟做作业或者让我帮弟弟完成手工什么的，我很讨厌做这些事情，他又不是没有手，为什么要我来做！"说着又哭起来。她对弟弟的评价非常低，说弟弟什么都不会做，怎么教都教不会，老师教他他也不会，她觉得弟弟就是笨。

　　妈妈对于她的描述非常惊讶，在她看来让姐姐教弟弟是很自然的事情，女儿成绩好，弟弟也喜欢姐姐教，觉得姐姐讲得更清楚。妈妈在出嫁前也是家里的老大，弟弟基本都是她带大的，所以她无法理解女儿的委屈，在她看来，带弟弟不是天经地义的吗？加之，以前她让女儿教，女儿都会教，还很耐心地给弟弟讲，妈妈就理所当然地认为她乐意去帮弟弟，一直很欣慰，觉得女儿很懂事。听到妈妈的表达后，她更加愤怒，不断重复一句话："我回去一定要把弟弟的作业本全部撕掉，全部撕掉，撕掉之后再烧掉！让他被老师骂，我再也不要教他做作业！"反复说了数次之后她还是觉得不解气，于是接着说："我恨不得把他塞回妈妈的肚子里去，这样子就不用烦了，他就是个害人精！"爸爸妈妈看着她一直摇头，很无奈地面面相觑。这对父母在家里都是老大，他们都是把弟弟妹妹当成孩子一样来照顾，妈妈嫁到爸爸家的时候，作为大嫂，还将爸爸的弟弟一手带大，按照妈妈的话说："我对我小叔子的照顾真的算得上是无微不至，连葡萄都是剥好再给他吃的。"他们也按照这样的观点来教自己的孩子："要让着弟弟，要照顾弟弟。"这明明是顺应大道的教导，合情合理的要求，怎么到女儿那里，就变成了天大的委屈呢？

　　父母再三表示，他们一直觉得女儿非常乖、非常听话，完全不需要家人担心，反复澄清他们对两个小孩是一视同仁的，并没有偏心弟弟，只是觉得当姐姐的应该多照顾弟弟、多帮助弟弟。简单总结就是：照顾弟弟是天职，并非家人强加的任务。所以，她听到最多的话就是："弟弟还小，很多东西不懂，你要让着弟弟，要有做姐姐的样子。"但是还小的弟弟，却是个聪明的宝宝，很懂得利用家人的心理，抓住机会就会跟父母告状："姐姐又欺负我！"接着就是委屈的哭泣。他俩从来不会仔细询问事情的经过是怎样的，也不会让姐弟俩自己去解决问题，而是很自然地将姐姐数落一顿，再安抚弟弟一番，以此终结冲突。父母承认自己确实是这样做的，但在他们眼中，这并不是偏心，只是对不同的孩子要求不同，作为姐姐就要承受更多。当然，我们的小来访者并不这样想，她仍恨恨地说："我回去要把他的作业本全部撕掉！"父母对于她的这个说法，没有回应，想劝也不敢劝。

　　再次回来的时候，这个孩子的情绪明显好转，爸爸妈妈很满意，觉得情绪发泄了果然好很多。我当时问她："你回去后有没有撕你弟弟的本子？"她噘着嘴，不满意地说："我想撕，但是爸妈不断劝我，劝得我很烦，最后还是没有撕成……"妈妈微笑地看着她，慈爱里透出"我女儿还是很懂事"的表情，她转过头，不去看母亲的脸。父母继续说着她的进步：现在在家里不会像之前一样经常发脾气，也没有再威胁父母，愿意跟爸爸交流，并且还商量好了上学的时间。他们兴高采烈地表达着，憧憬着她恢复到之前的状态，重回学校，继续如之前一样做他们的乖女儿。我不置可否，只觉得这个转变太快了，不一定是真实的情况。短暂的一片祥和之后，她谈到了更多小学老师的事情，除了老师对她的强烈不满，让全班同学疏远她，她还说到父母在其中的参与，对她造成的间接伤害。有一次因为她成绩下降，妈妈就打电话去问老师孩子成绩不理想的原因，结果，她老师就把她叫到办公室骂了一顿，她被骂哭了。她说："我曾经因为这个事情告诉过父母很多次，我在学校被老师这样对待，我想让爸妈帮我主持公道。"爸爸妈妈都嫌麻烦，觉得多一事不如少一事，反复告诉她："你做好自己就好了，不要去管老师怎么对待你，更不要再做事得罪老师了，她慢慢看到你表现好，就会改变对你的态度。我们做好自己最重要。"她咬牙切齿地重复父母当时的话，情绪仍然激动，她说："父母总想着怕麻烦、怕惹事，但我在那个时候是最需要支持、最需要帮助的，父母却没有支持我。"

爸爸妈妈再次表示说他们并不知道事情这么严重，他们以为老师可能只是对孩子严厉一点而已，完全没想到对她的伤害这么大。他们以为只要孩子收敛一点，改正一下自己，事情很快就会过去。但对于孩子而言，本来就很少跟父母表达内心想法的她，好不容易下定决心，犹犹豫豫地说出来，不但没有得到支持和安慰，还被父母教育凡事要从自己身上找原因，这让她无比失望与无助。并非教育孩子反思自己虽然不是错的，但是在孩子一开始跟父母求助的时刻，若她接收到的是教育的话，她的感受就会完全被忽略，情绪没有被理解、被接纳、被支持，此后，她便会逐渐关上心门，压抑情绪，很少对父母吐露真实的想法，变得长时间孤立无援，内心压抑。

父母对于孩子被欺负、受委屈的回应大多是："你做好自己就行了，不用管别人。""你想一想你自己有没有做得不好的地方。"甚至有的父母会说："班上那么多人，你想想为什么人家只针对你一个人，是不是你自身有问题？"孩子的情绪在这样的回应中被完全堵回去了，过多的内疚与自责自此被积淀下来。

凡事常思己过，是错吗？不是错，但如果处理不当就会造成对情绪的压抑。

后来的情况证实了我们的担忧，她回学校之后待了两天，因为休学一个多月，她所在的又是重点班，回校后大部分课程都跟不上，情绪再次出现波动。后来她无法坚持上学，继续待在家里，对父母的不满又相继爆发，控诉妈妈一定要让她干这干那，自己看书也说自己，看手机也说自己，反正只要不去上学自己做什么都是错的。说着她再次哭起来，我没有安慰她，只是鼓励她继续表达。她继续控诉妈妈："从小到大不管我做什么都不对，特别是没考好的时候，妈妈的脸色就会特别难看。虽然她表面什么都没说，只是黑着脸，不断叹气，也不理我，但那种感觉比打我骂我还难受。"

这是我在临床中处理厌学的案例及由学习压力导致问题的孩子经常碰到的情况。近年来，父母对于打骂对孩子会产生不良影响已经形成比较广泛的共识，家长认识到孩子成绩不好，打骂可能会对他们造成心理伤害，所以坚决不能打骂。很多家长于是就忍着，不说了，也不骂了，但是心里还是憋着一口气，觉得孩子不争气，不努力。怎么办？情绪不从嘴巴表达，却从眼睛里流露出来，于是脸色自然难看，脸上已经写明了一切：失望、愤怒、哀伤，这些是藏不住的。家长担心自己控制不住情绪，也不敢多跟孩子接触，对于孩子而言，他们就像面对一颗定时炸弹，忐忑不安，只要一考不好，就会感觉如大难临头一般，煎熬异常。

如同我们故事中的这个小女孩，在这样的时刻，没有人可以保护她，她的爸爸基本上从小就不管她，也不管弟弟。他不是没有空管，爸爸负责照看自家的店铺，孩子发生的所有事情他都大略知道，但他觉得那是妻子的事情，与自己无关。由此可以看出，这个潮汕家庭成员分工明确，男人负责赚钱养家，空闲时约三五知己放松一下，至于带小孩，那是女人的事。

很多时候，爸爸在店铺里也能听到妈妈在楼上的打骂声，心里也觉得这样的教育方式不好，但是他当时什么都没有做，听得受不了了，就干脆出去。此前，这个女孩答应去上学，父母再三跟她保证说没关系，不管考多少分我们都能接受，只要你健康、开心，成绩不重要，我们不在意。于是我问她："你相信吗？""不相信，他们不可能不在意我的成绩。"她说。爸妈很无奈地望着我苦笑，试图解释，但孩子似乎没有想听的意思，无力地靠在椅背上，自言自语地说："如果读书不用考试就好了，就不用在意成绩，就能安心地去上学。"

爸爸开始谈到自己对于妻子的不满："她脾气很多变，又很焦虑，追求完美，看什么事情都看不到好的一面，都只能看到缺点，对我也是这样。"看了看妻子的脸色，他鼓起勇气继续说："我跟她说话也是，我说什么她都否定我，我就干脆不跟她交流了。"长久以来，夫妻在空闲时间大都是各自玩手机，没有过多的交流。爸爸回避交流，妈妈心里堵得慌怎么办？心里有焦虑怎么办？无处释放，儿子还太小，面对娘家人又开不了口，就只能去找我们的小来访者说。她也觉得妈妈过得很辛苦，觉得妈妈很信任她，所以会安静地听她讲，会努力去安慰她。当然，大部分时候安慰的效果一般，妈妈还是愁眉不展，但是她依然要坚持去做这件事，对此她有种无法抗拒的使命感。

然而，她说她现在不想再做这件事，觉得之前她一直在做这个工作很辛苦，不想再坚持。我开她玩笑说："对呀，这本来是你爸爸的工作，又没有工资，你还抢来做？"她辩解："我没有抢啊，是爸爸不做，你以为我想做啊？"妈妈立刻明白过来，对孩子表达内心的愧疚："之前没想到让孩子来安慰我对她来说可能是负担，只是我在家里没人可以说话，每次我跟她说她都安静地听，慢慢就习惯跟她说了。"我看着小来访者说："你妈妈应该好好感谢你才对。"她不好意思地说："我不想要她的感谢，只要她以后不要再烦我就行。"长久以来，在这个家庭维持稳定的过程中，这个孩子扮演着非常重要的角色。终于有一天她撑不住了，平衡被打破，到了必须面对的时候。这一对夫妻恋爱了七年才结婚，彼此有很深的感情，真正进入婚姻生活后，生儿育女，柴米油盐，婆媳关系、妯娌关系、亲子关系，在生活的压力下，他们却没找到合适的应对方式。现在，老公会逃避妻子，指责妻子性格不好，总是很焦虑，太追求完美，但是很少给她支持；妻子对于丈夫的信任也日渐减少，慢慢放弃向丈夫寻求支持和安慰。

但家庭仍需要继续运转下去，妈妈的情绪需要一个出口，忠诚的孩子就在此时毫不犹豫地填了上去。

治疗结束回家之后，夫妻俩找孩子谈了很久，妈妈反思自己，之前自己确实情绪很不稳定，很多情绪都发泄到了小孩的身上。爸爸说："其实我们是有很深的感情基础的，是自由恋爱。婚后觉得她对我期待很高，总是挑剔我这做得不好，那做得不好，慢慢我就不愿跟她交流了。我之前很少管小孩的事情，就是觉得一管就会有冲突，我也知道妻子经常打骂小孩，但是没想到影响那么大。"妈妈接着说："其实我从小在家里就是大姐，有一个弟弟，所以我已经习惯了什么事情都是由自己来做，自己来安排。但是到了婆家之后，我感觉公公婆婆觉得我做的一切都是理所应当的，这让我很难接受。"她有很多委屈压在心里："我怀孕的时候，还要自己挺着肚子做家务，累得腰酸背痛，也没有人体谅我。但是我弟媳怀孕时全家人就把她当宝贝，什么都不用干。"

妈妈反复地强调自己带两个孩子的时候："我很焦虑，担心自己带不好。我努力做到最好，但全家人还是责怪我……"这是一个大家庭，爷爷奶奶、小叔子、弟媳和孩子，以及他们一家四口，整个一大家族的人住在一起。对于妈妈而言，她生活在全家人的监督之下，如果两个小孩她教不好，整个家族的人都会指责她，说她没有做好。怎么体现孩子教得好？最直观的就是成绩。她在内心里告诉自己一千遍不要太在意小孩的成绩，却还是有一万个声音告诉她，成绩很重要，要教育出一个优秀的孩子、成绩好的孩子。焦虑得没办法自控的时候，她也尝试去找老公商量，跟老公倾诉，老公显然觉得这是她自寻烦恼，从而没有当成一件重要的事情来对待，更别提同理她的情绪。没办法，她只能转而去跟孩子倾诉。

她满腹的委屈、满腹的压抑，加上充斥全身每个细胞的焦虑，悉数倾倒在了孩子身上。孩子自身难保的时候，又如何去承载妈妈的这些沉重的情绪呢？

原来妈妈对于自己作为姐姐要照顾全家人，也不是完全没有委屈的，只是她完全压抑了这部分委屈。她不敢表达，也不能表达。不被公平对待的委屈和愤怒，不能光明正大地被展现，某些时候甚至被完全遗忘，就像他们教导自己的孩子时所采用的方式：多在自己身上找原因。

我问她："你老公一般会怎么回应你呢？"她说："这才是最打击我的，我跟他说我的委屈，他总是让我去体谅老人家，不要总是抱怨。他总是站在他父母那边去帮他们说话，不会体谅我的感受。"这时候小女孩跳出来，愤愤不平地说："我爸爸就是爷爷奶奶那边的，不是我们这个家这边的。"爸爸赶紧辩解："我没有责怪我老婆的意思，我只是表达我真实的想法。我从小到大都是非常孝顺的，为老人家着想，站在他们那边去帮他们说话，这是我作为一个儿子应该做的事情。我知道从小到大父母都比较疼弟弟，但我觉得这是应该的，弟弟小，应该被多照顾一些，我从来不觉得有什么问题。"接着，他看着妻子，真诚地说："我们努力去付出，老人家总有一天是能够看到的，没什么委屈的。"我相信这是爸爸发自内心的表达，其中包含着的家庭观念、长幼尊卑观念、孝顺的观念，他都坚定不移地一一遵守，从不抱怨，也不委屈。当然，他也很难理解妻子和女儿的委屈，尽力做到父母满意是他的本分，至于其他的，他也无能为力。

　　他已经感受不到自我被压抑所带来的情绪了。从这个层面上讲，爸爸应该是全家人中"修炼"得最好的人，他已经觉不到压抑，"欣然"接受现状，他坚信"付出"总会被看到，不急不躁，耐心等待。他们的女儿在此方面的"修为"显然要差些，她接受现代教育，经历着家庭文化与新观念的强烈冲突，迷茫而困惑，无法说服自己去忍耐，在这种内耗中精疲力竭。妻子介于两者之间，她能运用强大的"内力"将委屈长时间压住，当然，一旦爆发出来，杀伤力将是巨大的，很容易伤及无辜。

　　看清这些状况，接受这些状况，去正视与调整，孩子的问题才能真正解决。

　　这个家庭再次回来时，情况已经完全改变了，这一次在讨论回去上学的问题时孩子不像之前那么忐忑，能坦然表达出"学还是要去上的"。她还说家人给她买了仓鼠，自己很喜欢，有时候还会开玩笑，跟爸爸妈妈要"宠物饲养费"。她能够去表达自己的要求了，用她爸爸妈妈的话说就是，"觉得女儿跟我们亲近了很多"。父母还开玩笑说："以前觉得女儿像一个男孩子，现在稍微像女孩子一点，会撒娇了。"她以前从来不撒娇，因此，她也讨厌弟弟总是撒娇。这个女孩子，无论性格还是说话方式，都透着男性的特质，她也很少表达自己脆弱的一面。在女孩子的身份认同上，她存在着一些纠结，她期望自己像男孩子一样强大，什么事情都自己处理，不撒娇，不哭，对于自己的女性特征，她带着排斥。我们无从推测这是否跟家庭的重男轻女相关，唯一可以确定的是，当父母对她的情绪和脆弱展现出接纳的时候，她能够更自在地表达自己的感受，能够去向父母寻求支持和关注。

　　关于夫妻相处的部分，妈妈会说："其实我从始至终都不是说觉得照顾家庭不应该，一个人照顾两个孩子，老公不帮忙，我都觉得没什么。我所有的抱怨也不是为了这个，我只是希望公婆和老公不要觉得所有的事情都是理所应当的，能够看到我的付出。"我说："你要的其实很简单。"妈妈激动地接过话来："对呀，我要的其实很简单，只要老公能体会我的辛苦，在言语上有一些安慰，能够明白我的不容易，就够了。"爸爸倒是很认真地说："之前确实忽略了这个部分的表达的重要性，我父母的家庭都是这样经营的，习以为常之后，就会觉得理所当然，没什么好说的。之前我太太找我说对我父母的意见时，我就把这些当成了抱怨，觉得妻子是在让我站在我父母的对立面。这是我做不到的，所以我想逃离、回避。"于是我说："看来你们要感谢孩子这次出状况，让你们有机会把心里的想法都表达出来。"大家都笑起来，一扫初始到来时压抑焦虑的气氛。

　　我不能说这个家庭最后达到了我们理想的家庭模样，但至少他们心里不那么憋屈了。特别是这个妈妈，她觉得至少老公能够理解她的不容易，看到她的付出，心里的委屈也会少一些。孩子回去上学后一直都挺顺利的，没有再出现过激的情绪状况，没有那么害怕考试。当然，我也清楚他们的相处模式不会有大的变化，他们很难完全变成年轻人崇尚的新式家庭的模样，每个人都活出自己的精彩。妈妈还是为家庭操劳，为孩子付出自己的青春和时间，为了做一个好妈妈而奋斗。爸爸依然努力挣钱，为维持整个家庭的生计而奔波。更或许，他们还是会对弟弟多少有些偏心，但变化总会发生：这个女孩子的感受能够表达，能够被家人看到；妻子的辛苦能够被丈夫理解和支持；丈夫会明白家庭中每个人都是需要他的，期待他能够回归，站在他们身边。对于他们而言，这些改变已经足够消弭大部分内心的冲突，能让他们更好地生活下去。而这个小女孩呢？大约她期待的家庭会有另一番模样，那将由她未来去争取和创造。

　　不同辈分的家庭成员之间，同一个家族的小家庭之间，甚至长时间在同一地域生活的邻里之间，都无法避免地需要交流。由此产生的一系列观念让家庭的正常秩序得以维护，让家族得以延续。在前面的案例中，男主外女主内、长幼尊卑观念、家族荣辱观念……这些观念依然完整地保留了下来，而且案例中的父母，对这样的家族文化是发自内心地认同的，在相当长的时间里，它也维持着这个家庭的平衡。之所以平衡会被打破，是因为这个家庭中有一个成员对这样的观念产生了怀疑，发自内心的不认同，无法自我消化的巨大内心冲突，让这个孩子最终爆发。

现今时代，是我们的家庭文化受到激烈挑战的时代，网络的发达，文化融合的加强，使青少年面临更多的抉择。而自我意识的充分觉醒，使得新一代的年轻人，对于这样的家庭文化愈加不认同。当然，因为他们还需要在家庭中生存，父母不可避免地会按照他们以往的观念去要求自己的孩子，青少年便面临着遵从会委屈、不遵从会内疚的冲突，而且这样的冲突，激烈过以往任何一代。

心理问题的本质是无法自我处理的冲突，家庭文化冲突的处理，需不同代际的人共同努力。家庭中的文化冲突会涉及三代人，爷爷奶奶、爸爸妈妈还有孩子。两代人之间的这种冲突，心理学上叫代际冲突。家庭中的代际冲突常牵涉到三代人，这三代人的冲突当中，最先受不了的通常是孩子。所以孩子就会出现心理疾病的症状，这其实就是冲突过程当中的一个表现。家庭文化冲突是一个动力系统，每个家庭成员好比一个发条，大家都在一直拧发条，越拧越紧，承受能力不好的那个发条，就会最先坏掉。而那个最先坏掉的发条，一般是孩子。

比如说在这个案例当中，妈妈是不是文化动力的冲突者？也是。可她对于辛苦和压力的忍耐性要更强一些。但孩子不一样，孩子的心智发育尚未成熟，心理的容量相对较小，尚处于一个没有足够的忍耐力的阶段。另一方面，他们也不愿意忍。他们更愿意遵从自我意愿。于是小孩最后就成了率先"起义"的人，是被动的也是主动的。所以在文化冲突明显的社会变迁背景下，小孩的心理疾病有相当一部分是在文化冲突当中显现出来的。孩子的心理疾病是一种表达，一种手段。

文化没有对错，没有好坏，它是一种约定俗成的价值观。约定俗成是谁约的？是所有的群体约定的，谁突破了这个约定就会面临巨大的压力。

当今家庭中，几代人的观念正在发生激烈的冲突。在这种冲突中，我们的孩子充当了排头兵，当然不是他们愿意当排头兵，他们首先是受害者，家长将自己的坏情绪压到孩子身上，最后他们就只能病了。

面对冲突，人的本能反应就是尽力为自己找到一个好位置，这是人际互动的本能，要保护自己，站在那个位置可以发号施令，看到所有的人，这样的掌控感会让人更安心。但是，当父母都争抢着找好位置时，甚至有时候爷爷奶奶、外公外婆还要来找一个"还不错"的位置，作为弱势群体的孩子就没有位置了，他们会觉得无所适从。长时间无所适从，孩子就病了。

家庭就是如此，若好的位置被别人占了，孩子就只能委曲求全站在憋屈的角落里，更有甚者找不到位置，会每天都觉得自己是多余的，是家里的累赘。这是我经常听到我的来访者说的一句话："我觉得我不在了，父母应该会生活得更好。"孩子没有位置，或者一直在一个错误的位置、一个给父母添麻烦的位置上，这样的情况，他怎么能舒服地生活下去呢？这一类家庭的心理疾病，表面看是一个厌学的问题、人际关系的问题、情绪的问题、沟通的问题，实际上背后是家庭模式的动力在推动，跟每个人在家庭中的位置直接相关。没有位置的孩子，生存艰难，只能通过"生病"去进行表达。理想的状态是父母客观地看待家庭现状，看到孩子的不易和挣扎，受到教育，做出改变。父母为孩子在家庭中找到一个舒服的位置，将他真正当作家庭的一员去尊重、去合作，而不是当作"一个什么都不懂的孩子"，孩子的自我得以存在，才能谈后面的生存发展，谈情绪上的开心快乐。

我在临床工作当中，就碰到过一个让我百感交集的案例，那是一个得抑郁症的孩子，她表面看起来情绪、行为各方面似乎很正常，也一直坚持学习，但她会有很多无法预料的冲动自杀的想法出现，会不定时地有自己撑不下去了的感觉，也多次有自杀的行动，幸亏被家人阻止，这是很严重的抑郁症状。颇为戏剧性的是，这个孩子大概一米六，一百斤，她的身高体重跟她的营养状况都算是良好的，但是她的爸爸妈妈、奶奶、姑姑坚信她生病完全是因为营养不够，并为此积极采取各种行动。全家人一致决定改变家里的饮食结构，每天炖各种各样的汤，打各种各样的营养糊，她说："各种各样奇奇怪怪的东西打到一起，看起来怪怪的，而且很难喝。"家人要求她必须每天认认真真地喝，当她不想喝，或觉得太难喝，面露难色的时候，她奶奶就会说："这个汤我熬了三个小时，我都是为你做的，你不喝那我的心血都白费了。"她就只能闭着眼睛勉强喝下去，或者背着奶奶偷偷倒掉，还要再三侦察，倒在不会被发现的地方。接着，她的姑姑带她来找我做治疗，来的时候就拉着我的手，说："医生你一定劝劝她，让她多吃一点，她多吃点，病就好了。"我看着她殷切的目光，愣了几秒，找不到合适的词语回答。我甚至想不出合适的词语去解释情绪问题到底是什么，去跟她说明营养和它没有关系，语言在那一刻变得很无力。

稍有常识的人都知道，抑郁症是一个与营养、抵抗力等完全不相关的疾病。但面对这样热情、关切的家长，我实在说不出她的观念是错的，与问题根本风马牛不相及。在一些人的观念中，生病了就应该加强营养，增强抵抗力，这是家人表达爱的方式。谁对谁错？都没有错，但他们忽略了一个重要的点：相互尊重。对于孩子而言，她需要休息，需要有自己独立的空间。无独有偶，后来我才知晓，为了她上学，家里买了学区房，因为面积有限，加上奶奶要帮忙照顾她，她从初中开始，就不再有自己的房间，做什么事情都只能在客厅，于是她的一举一动都在家人的监督之下。"又在玩手机！""作业写完了吗？""练琴了吗？"……她不想回家，却又无处可去。她没有自己的物理空间，也没有足够的心理空间，这就是她痛苦的根源。

　　如果我们暂时做不到理解，无法完全接受青少年的一些想法，看不惯他们的"亚文化"，至少先做到尊重，做到不以父母的价值观念去压抑、去强行干预，或者去否定他们的一些想法。剪个特立独行的发型是错的，是怪胎；为人际关系烦恼是庸人自扰，应该全副心思放在学习上；要跟成绩好的孩子交朋友，不然会被带坏……诸如此类，我们不说都是错误的观点，至少是不客观、不全面的看法。接受"没有一种观念是完全正确的"，尝试尊重孩子的想法，这就能够极大地减少青少年情绪压抑和内心冲突的产生。当然，后期能够有更多的交流和沟通，做到彼此以诚相待，相互理解，乃是我们最希望看到的景象，是最理想的状态。

故事七 "生块叉烧都好过生你"

我们仍然先讲故事。

故事中的孩子九岁，刚上小学四年级，圆圆的脸，活泼好动，乐于与他人交往，特别喜欢当孩子当中的老大。他不愿意上学，已经待在家里一个多月了，对学校表现出强烈的反感和厌恶，逢人就控诉老师不好、同学不好。其实他在刚上四年级的时候，就在学校遇到了一些挫折，部分同学会开他的玩笑，给他取外号，叫他"胖胖""小胖"等；也因为学习任务完成得不好，他被老师批评过几次。当时他就出现了心情较差、经常闷闷不乐的情况，但还是能够忍下来坚持学习，成绩也能基本保持，他的家人对此也就没有多想。

小学三四年级是一个转折时期，课程难度增加，人际关系更复杂，学习压力也增大。这个孩子本身情绪状态就不稳定，无法全身心地投入学习，渐渐地便在成绩上有所体现，近段时间的考试成绩也没有那么理想。而恰好，这个孩子的妈妈一直以来对他的学习成绩期望都比较高，坚持认为小学是打基础的阶段，需要有一个比较好的学习习惯，只有这样才能保证知识的全面掌握。就这样，在学校和妈妈的双重压力下，孩子的情绪问题逐渐加重，他大部分时间都不开心，甚至开始有一些自杀的想法。但他仍非常愿意倾诉与表达。他曾绘声绘色地跟我描述："我脑袋里面有两个小人在辩论，一个代表正义，一个代表邪恶。一个让我自杀，一个让我享受生活，劝我说如果自杀了，家人会很伤心。"他描绘得非常形象。在九月份的一个中午，爸爸妈妈发现他一脸鼻涕眼泪地晕倒在了房间，不明原因地突然晕倒。家人也被吓了一跳，然后就赶紧背他下楼，结果走到一半他就醒过来了，家人没有采取任何措施，醒过来之后他也没有什么不舒服的地方。他对为什么晕倒能够回答一部分，但是很多时候他只是说："我记不起来了，我不知道为什么会晕倒，然后你们背我，我也不知道是怎么回事，我就突然醒来了。"

当时爸爸妈妈就准备带他到附近的医院去做检查，在开车去附近的医院的途中他又晕倒了，而在爸爸妈妈背他下车的过程中他又醒了。他醒后问道："我在哪里？你们在做什么？"好像他突然走到了另外一个地方，并对过程中发生的所有事情都没有印象。后面就是去医院检查，身体一切正常，没有任何导致晕倒的身体指征，家人只能带他回家。当天晚上晚饭过后家里有客人来，这个小朋友见过客人，上楼梯的时候就跟他妈妈说："我觉得我又要晕倒了。"接着他就真的再次晕倒了。家里人手忙脚乱，又是掐他的人中，又是围着他大声呼喊，跟他说话，他都完全没有反应，但几分钟后他又自己醒过来了，对于晕倒过程中的事情他还是表示什么都不记得，他又询问："我为什么会在这里？"其他方面他完全正常，他似乎也完全不担心自己突然晕倒的事情，照常开心地玩耍。爸爸妈妈没办法，只能送他去附近的医院住院，想确切地查明病因。既然孩子都生病了，家长自然会对他更好一些，不再提上学的事情，基本上对他就是百依百顺、有求必应，生怕他有一点不开心。

这通常是家长表达爱的方式：任凭平时如何打骂，只要孩子一生病，就心疼异常，像完全换了一副心肠，弥补性地"对孩子好"。太多的孩子跟我说："爸爸妈妈只有生病的时候才是对我好的，要什么就给我买什么，想吃什么就给我买什么。"爸爸妈妈觉得照顾得更好，孩子的病肯定好得更快。比如，生病了就要加强营养，要保持心情愉快；看着病恹恹的孩子，心有不忍，于是使出浑身解数去满足孩子。又比如，父母平时心里一不爽就打骂一下孩子，但看着病中的孩子，会开不了口，也下不去手，不自觉地就忍耐自己的脾气，以最慈爱、最耐心的面目跟孩子相处。对孩子来说，最有吸引力的，当然是可以不用去上学，毕竟生病请假情有可原，父母、老师、同学谁都不会有任何不满。生病原来有如此多的好处，真是让人欲罢不能。父母们大约做梦都没想到，孩子会贪恋这样的好，沉浸其中，喜欢上生病的感觉。

这个孩子，很快便摸透了其中的门道，认真地"生起病来"。

当时他在当地医院住院的时候，因为查不出来生理的原因，医生就例行朝精神科方向询问他："你有没有听到声音？有没有自己跟自己说话？"出院之后他一直都没有去学校，到中秋节的时候，这个小朋友就开始自己跟自己说话，而且说话的内容非常清晰具体，说自己被同学孤立、被同学说坏话，说他压力很大，想转学。一段时间后，他开始产生自杀的念头。家人跟他相处的时候，只要稍微不顺他的意，或者是指出他哪里做得不对，他的反应就会变得非常激烈。从一开始的发脾气、大吵大闹，到后来难以控制地马上冲到楼顶，大叫"我要跳楼！""你们什么都不要说，也不要逼我上学，不然我就跳楼！"家人慌了手脚，好几次都胆战心惊地将他从楼顶上抱下来。

一家人，爸爸妈妈爷爷奶奶，四个大人，每天心惊胆战，小心翼翼地"伺候"着他，一刻都不敢放松，一分钟都不敢懈怠。爸爸满面愁容，焦虑不安地说："我们真的不知道该怎么办，我们现在一步都不敢离开他，也不敢有什么不顺着他意的地方，我们已经被弄得精疲力竭了，很久没有安心地睡过觉了。医生你一定要帮帮我们，你们想什么办法我们都全力配合。"一个九岁的孩子，将全家四个成年人，完全拿下，这到底是怎样的一个"能力过人"的孩子？

我要会会他。

　　没想到，来到我面前的是一个非常乖巧、配合的小朋友，他并没有任何的，至少在我面前没有任何的反叛和不可一世，也没有故意跟我对着干，他很积极主动地跟我讲他的想法，而且有问必答。只是整个谈话的一个小时中，他基本没有正常地坐着，他一会儿躺着，一会儿脚伸到桌子上，而且不会像别的孩子一样事先询问我"我可以这样吗？"他很放松、自在，就像在自己家一样，而且他就是家里的主人，我反而像是到他的家里做客的人。

　　他看到沙盘，立马表现出浓厚的兴趣，就自顾自地开始摆沙盘，一边摆着一边告诉我他摆的是一个家。我反复示意他可以安静地摆，不说话，他控制不住。整个沙盘结构很零散，他摆完之后就滔滔不绝地讲主题和含义，说他跟妈妈的关系比较好，觉得他妈妈比较厉害，不太喜欢爸爸。接着又主动跟我谈到在学校有人欺负自己、嘲笑自己，老师也会批评自己。我问："在家里面呢？"他马上换了一副表情，将头昂得高高的，底气十足地说："在家里面都是我说了算，家里面的所有人都要听我的。"掷地有声，不容置疑，语气中带着骄傲。

　　摆第二个沙盘的时候，他依然摆了一个家，生动地跟我介绍这个家的结构及超乎想象的豪华，而后他突然跟我说："其实现在这个房间的主人就是我自己……"他说得很认真，沉浸在自己美好的幻想中。接着他详细地描述同学是如何嘲笑自己、欺负自己的，说虽然自己上的是贵族学校，所有的学生都很有钱的，但他们素质都不高，所以他想换个学校。他在给自己想退路，想办法，就像他说的，他的内心真的有两个小人在打架。对于要不要上学、去哪里上学，他的内心是在战斗的，但表面上他是云淡风轻的，乐于享受自己在家里的绝对话语权，甚至想象自己在学校也有同样的权力。这个孩子的内心世界，比我们预想中要丰富得多。

　　这个不到十岁的小孩，已经彻底自我膨胀了，他的言语表达无所顾忌，现实地演绎着什么叫"不知天高地厚"。他沉浸在自己幻想的世界当中，享受着"无所不能""呼风唤雨"的特权。在他的世界中，他就是霸主，世界都由他掌控。

他自顾自地讲完自己全部的想法，像说给我听，又像是自言自语，毫不隐藏地呈现自己的内心世界。讲完之后他如释重负地躺在我们治疗的沙发上，斜着眼睛看着我，眼神复杂，说："医生你知道吗？我们家只有我一个儿子，如果我出事了，他们肯定接受不了，所以他们肯定很怕我出事。"说完之后他就潇洒地自己开门出去，留我呆呆地坐在座位上，心情复杂地回味他的话。这时，我的脑海里浮现出一个词——"难怪"。果然是一个聪明的孩子，只是父母面对这样一个聪明的孩子，该会特别头痛吧。接下来他没有再出现过情绪爆发，也没有再晕倒，但家人仍然谨小慎微地跟他相处，仍不敢提上学的事情，成天费尽心力地去猜测这个小灵精的内心想法，生怕一不小心猜错了，又是一场大战。

必须安排家人一起来开诚布公地谈谈。

父母很支持，而且爸爸妈妈和奶奶都来了，爸爸在治疗开始前，郑重地询问我："奶奶能不能一起参加治疗？"并且强调奶奶对孩子的教育参与很多，爸爸妈妈上班的时候都是奶奶管教孩子。于是，三个大人和一个孩子再加上我，四个成年人和一个九岁的孩子，一起进入治疗。孩子首先找了自己最喜欢的位置后，家里其他人才依次坐定。我没有开口打破沉默，先观察了一下家庭成员，其他人也沉默。奶奶首先开了口，开始有理有据地教育孩子的爸爸妈妈，说妈妈太宠孩子，并且举例子说小孩有一次跟他们出去，已经给孩子买了饮料，孩子不喝，说要换，妈妈就立刻起身去给他换，她觉得这是不恰当的，太迁就孩子，会有不良影响。继而奶奶又说妈妈："你对孩子要求太严格，给他报很多的辅导班，周末都排满了，让孩子都没时间休息。"顿了顿，又严肃地说："孩子都跟我投诉了，说辅导班太多了，自己不想去上。"妈妈一直听着，没有回应，只是脸色不太好看。孩子马上开始添油加醋："就是啊，报那么多辅导班，我还要做学校的作业，我怎么做得完！"我看着这一切，意识到原来这个家庭里面还有一个"太后"在，孩子还是有靠山的。

我尝试了一下打断奶奶，鼓励妈妈和爸爸讲话，但以失败告终。

奶奶接着说："现在小孩脾气这么大，我也不知道该怎么办，前两天他爸爸妈妈都去上班了，小孩在家里面突然就开始发脾气，砸东西，又说要去跳楼。我跟他爷爷不知道该怎么办，我们就只能抱住他。我们不让他动，但是他对我们又踢又打。我们真的也很无奈。"我马上肯定奶奶："你们做得很好，你们没有打他，没有骂他，但是也没有允许他去做一些破坏性的事情，这个很好。"但孩子坐不住了，立刻跳出来说话："你们为什么要抱住我，凭什么抱我，你们有什么权利抱住我，我有自己的自由！"表情恶狠狠的，又带着委屈，说完噘着嘴坐在位置上，生闷气。我没有回应他，也没有制止他的反应。后来就一发不可收拾了，每个人说话他都要插话，包括我说话的时候，他都要打断一下来表达他自己的意见，自己想说话的时候就说，旁若无人，而且要说得很大声，确保每个人都听到。要是发现我们没有认真听，他就走到我们面前，拉着我们的手，或者晃晃我们的手臂，确保大家都听到了他的心声。我们没办法正常交谈，他会毫无预兆地突然跳出来，打断我们的思路，强行将话题转移到他想说的内容上，等他说完，我们可能已经忘记了刚才谈到哪里，谈话被完全打乱了。

好像我们都不存在了，只剩下他像勤劳的小蜜蜂一样飞来飞去，不断在耳边嗡嗡嗡，而他好像乐在其中，欢快地翩翩起舞，不知疲惫。

家人在的时候，他的表现和单独跟我交谈的时候判若两人。

不断发表他的看法，蹦来蹦去地表达了一圈之后，似乎还是觉得不过瘾，他又做了一个很有意思的举动。他突然自顾自地说："我现在很厉害，我力量很大，抱我是抱不住的，我后面肯定会想到办法挣脱的，你们等着看吧。"说完为了证明他说的是真的，他就跑过去，拉过妈妈的手，要跟妈妈掰手腕。实事求是地讲，这个孩子虽然只有九岁，但长得挺壮的。妈妈用尽力气，他还是稍稍占了上风。他狡黠一笑，得意地坐回到自己的位置上。我示意他说："你过去跟你爸爸试试？"他果然兴冲冲地跑过去，拉着爸爸的手，结果可想而知，爸爸完胜。他不服输，说："我一只手不行就两只手。"一边说一边架上另一只手，最后整个人都快架到爸爸的手上了，爸爸纹丝不动，再次轻松获胜。他看起来很泄气，垂着头坐回自己的位置上，难得安静了一小会。

他的妈妈在整个治疗过程中都很少说话，基本上没有主动说话，我问她，她也只是很简单地作答，只在奶奶提到她的时候一直盯着奶奶。不过她的观点很明确：造成孩子目前状况的主要原因不是学习压力大，是他的老师太凶了，他才不愿意去学校。这个时候我们的小来访者又跳出来了："你们以前也只会打骂我！"爸爸立刻辩解："你从小到大我们都没打过你几次，一只手都能数得过来！"想想又补充说："其实打得很少，但是威胁说要打是很多，我说要打的时候，基本上她们都会把他拉走。"我问她们是谁？他说是妈妈和奶奶。

我们能看出来，这个家庭在教育方式上，每个人都有自己的想法。这个爸爸觉得应该教育的时候还是要教育，妈妈跟奶奶可能就是不一样的做法，妈妈则觉得生活上需要更多地去将就孩子，他想要什么就应该买给他，但是学习上应该严格地要求他。爸爸强调学习上其实过得去就行了，没有那么严格的要求，但是家庭该遵守的规则应该要遵守，比如对老人家要尊重。奶奶站在一个长辈的角度觉得爸爸妈妈做得都不对，觉得他们的方式对小孩都可能会造成不良的影响。

全部家庭成员的教育方式都不一致。

我们的小灵精因此理所当然地站出来说：你们说的都不对！那谁说的才对呢？深思熟虑之后他宣布，我自己说的才对！你们都得听我的！而且他发现，全家人都听自己的，这种感觉实在太好了，于是他想方设法地威胁家人必须听自己的话，为此察言观色、绞尽脑汁，对家人的全部弱点了如指掌。就像他在第一次治疗的最后狡黠地眨着眼告诉我的那样："我们家就我一个儿子，我要是出事了，他们肯定活不下去。"而且他发现这样的方式屡试不爽。经过短短几周的摸索，他就将父母和爷爷奶奶拿捏得死死的。四个大人惶惶不可终日，他却乐在其中，像在玩一个"我是老大"的游戏，沉迷其中，无法自拔，渐渐地开始幻想自己是更大范围的老大，能搞定学校的同学和老师，赶走所有自己不喜欢的人，总之，一切都是自己说了算。

只可惜，这毕竟是幻想，是小孩子的天真游戏。

我在家庭治疗中做了这样一个反馈，以呈现家庭的互动模式，并强调此种模式可能造成的影响——当然，这番话也是在小来访者不断地打断下勉强说完的，并不确定家庭成员究竟听进去了多少。同时，对于家人一直担心的孩子的情绪问题，我也强调情绪的表达和宣泄对于孩子来说也需要有一些规则。孩子需要有一些方式和行为来表达压力或者想法，但是一个家庭也需要有一些规则，来明确限定哪一些行为是不可以的。比如说像砸东西、打人、骂人这样的方式，不管是用来表达什么，都需要反馈给孩子这是不可以的。爸爸妈妈频频点头，但隐含着明显的担忧："我们最怕他……"关键词没有说出来，不敢说。当然，他们最怕的就是这个无所不能的小来访者威胁他们要去跳楼。我想强化这个家庭中大人的能力，因为这个孩子在家里是时时刻刻有大人看着的，大人不可能连制止一个九岁小孩的不恰当行为的能力都没有，除了打骂，我相信他们能想到其他办法搞定他们的孩子。

旁观者会看得很清楚，整个家庭已经被孩子弄得乌烟瘴气，几个大人也已经被焦虑和恐惧完全控制了，已经缴械投降，没有理智来梳理清楚这个小孩的行为到底是为了什么，到底哪些行为是威胁，哪些是真实的内心表达。他们变得草木皆兵，干脆什么都不敢做，疲惫地应付着孩子的种种刁难。他们并不是没有办法，但却陷于无助的境地，动弹不得。

需要将他们从泥泞中拉出来，让他们看到自己作为一个成年人对整个事件的控制能力，让他们不畏惧、不逃避。

孩子还是不依不饶："你们不答应我那我就砸东西，你们再不答应那我就去跳楼。我不信我找不到机会，晚上等你们都睡了，我再找一个机会去……"我没有回应他，也暗示家里人尽可能忽略他的威胁，当然，基本的防护还是需要做的，需要做到家人能够基本安心的程度，但更多的因为焦虑而制造出来的恐惧，就需要去区分，去理性对待。

到现在为止，这个孩子看起来都只是个顽劣不堪、自大狂妄的小屁孩形象，看起来一点都不可爱，没想到后来他的情况会有个一百八十度的大转弯。

终于等到他们再次来治疗的日子。

他一进治疗室的门，就要坐在我上次坐的位置上，我没有同意，他就乖乖坐到了自己的位置上，没有争论，也没有生气，我倒有些不适应了。后来他的表现，让我怀疑这个乖乖地坐着、安静地听其他人说话的孩子，跟前几次见到的孩子，是不是走错了治疗室的双胞胎。他能够听其他人说话，不再随意打断别人的话，不再不时地站起来，而是一直坐在自己的位置上，最多调换一下姿势。到他说话的时候他也说，但并不是扯高嗓子，要求全部人都必须听自己的，他能平静地表达自己的想法，虽然看起来稍微有点泄气，但并不沮丧。

依然是奶奶首先来发言。我并没有像上次一样，整个治疗中有三分之一的时间都让奶奶说，而是大概总结了她的意思之后，就转头去询问孩子的父母。这是一个处理技巧，以此告诉父母，爸爸妈妈才是对小孩进行教育的绝对权威，也是最应该负责任的主体，不能推给上一辈的老人，也不能让给上一辈的老人。用行动表达后，我继续用言语强调了一遍。

这个时候小朋友就开始没有预兆地诉说他内心的委屈，他用很低沉的声音，满含着低落的情绪，低着头，散发着可怜巴巴的气场，一桩桩一件件地诉说他的感受。几个大人都看得心生怜惜，原来这个孩子看似无所不能的气场里，隐藏着这样那样的委屈和无奈。

他说，前两天爸爸妈妈一起打了他的屁股，但客观地强调并不是那种恶狠狠地打，而是事先说好的，他哪些行为不能做，做了的话就怎样受惩罚，他自己也爽快地答应了。只是他没想到，会真的被打，而且是爸爸妈妈一起打自己。爸爸解释："以前都是威胁比较多，真正的惩罚少，这次是想让他真正体会一下痛，学会为自己的行为负责。其实打得并不重，只是想给他一个教训。"

这是我第一次听到他的爸爸妈妈合作去做一件事。这不是他目前最希望看到的局面，但显然他是一个非常懂得审时度势的孩子。威胁、砸东西这样的方式不管用之后，他不得不用语言来表达内心的感受。

他细细讲述在他短短几年有记忆的生命里，所遭受的全部委屈："每次成绩考得不好都会挨骂，妈妈每天守着我做作业，只要她讲了一遍我做不出来，她就会越讲越激动，就开始骂我笨，还说我这么没用，'生块叉烧都好过生你'。"他边说着，边撇着嘴，眼泪在眼眶中打转，一直低着头，谁也不看。妈妈一直看着他，听他说，一开始觉得他说的话很搞笑，忍不住笑出声来，后来表情慢慢变得悲伤，说："那些话都是生气的时候随口说的，没想到孩子会当真，还会对他造成这么大的影响。"爸爸接过话头说："他妈妈每一天辅导作业都是跟孩子两个人关在房间里，我在外面听着里面就像在打仗一样，他妈妈越讲越激动，会控制不住地教训他。妈妈总是要求孩子每天的作业都要做到全对，其实我觉得只要孩子掌握了就行。"孩子接过话来，再次重复："只要我做不对，就嫌弃我，就说'生块叉烧都好过生我。'叉烧那么丑，又不好吃，我总比叉烧好看点，我哪里比不上叉烧……"我问他："妈妈还说过其他让你觉得很受伤的话吗？"他说："有啊。"长时间的思考之后，他继续说道："比如，生块叉烧都好过生我。"我们几个大人面面相觑，看来这句大人眼中的玩笑话、口头禅，在他的内心已经像魔咒一样挥之不去了。整个会谈中他大概说了十来遍这句话，他反复强调："只要我做得不好，只要我考得不好，我妈妈就会说'生块叉烧都好过生我'。"你看，他把妈妈的前后语境都记得很清楚，他清楚地知道妈妈这句嫌弃他的话，是在他做得不好的时候说的，做得不好，妈妈就会嫌弃自己，就会不接纳自己。

这个时候，这个孩子的真实内心才表达出来：他内心的自卑，他因为不被母亲认可而带来的自我怀疑。他从不轻易言说的委屈，都在此刻安静地讲述了出来。这个九岁孩子的内心世界，原来潜藏着超乎成年人想象的故事和感受。

回想起他之前的无法无天的行为，他唯我独尊的幻想，那些不过都是他的保护壳，是他在学校和家庭互动中连连受挫后饮鸩止渴般的内心补偿。

他说："我觉得爸爸妈妈好像一直以来都是很嫌弃我的，我觉得我成绩比不上别人，他们总是拿我跟其他小孩比较，我觉得我什么都比不上别人。"他妈妈解释说："可能我们都是拿他做得不好的、没那么擅长的部分去跟其他孩子比较，觉得这样可以激励他。从来不会表扬他做得好的，比如说他下棋很厉害，我们就不会夸他，而是会说你看你运动没别人好，你看你没有你表弟好，你表弟拼拼图在很短的时间就能拼出来，你要拼很久。我们觉得这样可以让他更努力。""反正我觉得自己什么都比不上别人，爸爸妈妈爷爷奶奶都说表弟什么都比我好，我觉得很难受，这样的生活很难受。"原来他跳楼的威胁里，也有他真实感受的表达。我怎么努力都比不上别人，我怎么努力我爸爸妈妈都嫌弃我，这种深深的无力感，会让很多心理能量不强的孩子想到用结束生命来逃避。

他妈妈强忍着眼泪说："我们从来没有想过他会这样想，我们一直都把最好的东西给孩子。当时他不能去上学，看到一个辅导班，他说自己想先去辅导班适应一下，到时候再去学校。那个辅导班要一万多块钱，我们二话没说就给他报了。辅导班去了三天之后他就不愿意去了，我们也没有说很抱怨这件事。"爸爸接着说："他妈妈在花钱和买东西这些方面，只要是给孩子，从来不犹豫。他喜欢的模型、手办之类，上千块的都会买给他，我也是，只要是经济允许，都会满足他。我们只有这一个孩子，我们都觉得我们是很爱自己的孩子的。"而这正是很多家庭教育的悲哀。他的爸爸妈妈打扮很朴素，但是孩子上的是贵族学校，他浑身上下穿的都是名牌，但是他却感受不到父母的爱。

妈妈反复解释："我们广东人都是这样说，'生块叉烧都好过生你'，这是一个口头禅一样的话，从来没有想过他会当真。我们小时候都很穷，能吃上叉烧是很不容易的，所以叉烧在我们眼中是很好的东西，并不是嫌弃的意思。"这就是一个成年人跟小孩站的角度不一样的问题。妈妈觉得这么简单的题，我怎么教都教不会，我当然会生气，生气了就会口不择言，这是很自然的事情。但这个孩子其实是非常聪明的，他并不是都不会，只是他没有达到妈妈每次考试都要得一百分、一道题都不能错的要求。只要他错了，妈妈就觉得他做得不好，就经常会生气，并说她的口头禅。很多话原本都是中性的，甚至是抱着美好的期待的，但态度不同，给孩子的感受就会不一样。对于小孩来讲，他听到妈妈每次都是恶狠狠地在说这个话，而不是开玩笑的语气，所以难怪他会当真。但是爸爸妈妈说完之后就忘记了，不会觉得说这些话有什么实际的意义，没想到这些话在孩子那里是过不去的。爸爸妈妈对于他讲到的事情会很疑惑地说："有吗？我们这么凶地批评过你吗？"孩子记得很清楚，他说有一天我打破了一个杯子，你们又骂了我一个小时之类的。他说得清清楚楚，什么时间，什么地点，因为什么骂我，骂了我多久。他反复强调，我记得很清楚。

成年人眼中的小事，在孩子眼中可能有天大的影响，再加上学校的压力，这就导致他那么在意同学对他的嘲笑、老师对他的批评。这一切其实都跟他本身内在自信心缺乏有很大的关系。

这一次治疗之后，整个家庭有了很大的变化。

我们的小来访者再也没有用发脾气、威胁等方式去表达自己的要求，他开始能够用语言表达自己的内心感受。更重要的是，这一次治疗之后他就自愿回了学校，父母和他自己都并不确定他是否能适应，但是他们一起商量，回去试试。

因为在上次治疗的时候，他一直控诉爸爸妈妈打他，我就提示父母可以尝试打骂之外的方法。这对父母调整意识很强，回去就开了家庭会议，一起讨论，并把讨论的结果一一记录下来。他们让孩子充分发言：你在学校遇到了哪些困难，你希望我们怎么帮你，需要准备些什么才能顺利上学……将所有可能面临的困难都罗列出来，再想办法解决。最后，加上最关键的——没有做到怎么办。没有做到父母也不会打骂他，就商量着可以采取不给他买他喜欢的玩具，扣他玩手机、电脑的时间等方式。他想了想，答应了，并签字画押了。

没想到他回到学校之后竟然非常开心，他口中很凶的老师、欺负他的同学，都变了模样，所有人看到他都热烈欢迎，问长问短："你这段时间去哪里了？我们都很想你。""没你在，课间活动都不好玩了。"老师也主动关心他这段时间的学习情况，还主动帮他补课。孩子的世界很单纯，他突然发现：所有人都对我很好，原来大家不像我想象中那样都讨厌我。他兴高采烈地跟我分享在学校的经历，满脸笑容，说现在比之前天天在家里开心多了。

爸爸妈妈现在会跟他解释很多为什么。为什么这个事情要这样做，我们不是说就这个人好，不是说你一无是处，我们只是想教你，让你做得更好。他会似懂非懂地点头接受。有时爸妈还是会习惯性地说他做作业比较拖拉，总是要反复叫才会做，回家得先看电视……他会自己跳出来说："你们怎么又开始说我了，你们怎么又说我做得不好了？"爸爸妈妈就说："对不起，我们可能还需要一点时间来做一些调整，现在还是不太习惯。"他能表达自己的想法，爸爸妈妈也能够听他说，并且会做调整。从以前将委屈都埋在心里，到现在能够大胆地表达自己的感受，信任父母会听自己说话，他在家中找到了合适的位置。

整个家庭的沟通方式发生了变化，氛围也随之变得更温暖、放松。妈妈说辅导他做作业，每一次都像打仗一样。我鼓励爸爸可以帮一下妈妈的忙。孩子就接过话说："爸爸没有文化，教我的题都教错了。"我问他："谁告诉你爸爸没文化？"他答："本来就是。"我于是问妈妈："你希不希望你老公来帮你？"她说："当然希望，但是他不来，那我也没办法。"我转头问爸爸："你觉得你老婆希望你去帮忙吗？"他说："应该不希望，因为她觉得我的水平不行。"妻子非常惊讶，连忙解释："我从来没有这么想过，我一直觉得他工作很忙。因为他以前要加班、要上夜班，有的时候可能八九点才回来，我是觉得他太忙了，我怕他太累，所以都是我自己去做，但是可能他们又觉得我对小孩要求太严格了。"爸爸听完，表情复杂："我每次去帮忙，她都让我出去，我以为她是嫌我水平不行。"夫妻俩尴尬地相视笑了笑。

可见，这个家庭的沟通方式，不只亲子之间，连夫妻之间也是误会重重，也就难怪孩子会那么不确定自己在父母心中的位置，会百般试探了。

孩子的不自信可能是源于父母不经意的，甚至口头禅般的否定。

一开始接触这个孩子，他带着虚无、夸张的自我膨胀：家里都是我说了算，我想做什么就做什么。表面的自负，反映的其实是他内心深处的自卑。因为自信心不够，他才会需要虚张声势地去告诉别人他很厉害；他才会去跟所有大人掰手腕，去展示自己的力量。他很享受这种我比你们都厉害的感觉。

原因何在？爸爸妈妈在日常生活中很少肯定他，只是习惯性地说他这个事情怎么做不好，那个事情怎么做不好。又经常说"你看你堂弟多好"，这都是父母最常用的家庭教育方式，加上"生块叉烧都好过生你"

这样的口头禅，没有人想到孩子会将这些话理解为对自己的否定、嫌弃。我曾经跟孩子们讨论过，还有哪些类似的口头禅是全盘否定孩子的，大家便滔滔不绝地讨论起来。

比如，"生个小猫小狗都比你强，养只狗还会摇摇尾巴，养你有什么用？"又比如，"我要是像你这么没用，早拿块豆腐撞死了，哪还有脸活着？"还有，"废物，养你都是浪费粮食。""我怎么会生了你这么个废物？""我打你都懒得动手！"……一句比一句狠。《红楼梦》里贾政教育贾宝玉，打压他的自尊，就有很多经典说法，例如，有一次，贾宝玉去跟他父亲告辞，要上学去，贾政没好气，训诫一番之后，便说他："还不快滚，仔细站脏了我的地，靠脏了我的门。"细想这话，其中的贬低简直让人不寒而栗。作为父亲，嫌弃孩子到觉得他在自己的地方待着都会弄脏自己。普通的几个字，若深究起来，孩子不知会怎样无地自容。

当孩子说起这些时，一个很有意思的现象是，很多父母早就忘记了自己曾经说过这样的话，更不相信孩子会把这样的话当真。他们很惊讶，"这就是随口说的，我们那里的人都这么说。""那些都是气话，怎么能当真呢？"却不知，孩子的世界小，接触的人少，经历的事情也少，他们会把每件事情都看得很重要，父母更是天一样的存在，每天跟父母互动的点点滴滴他们都记在心里。父母一旦生气，对于他们来说，便是天塌下来一样的大事，而父母一味地否定他们，说他们"不如叉烧"，说他们"连猫狗都不如"，说他们"站脏了门，靠脏了地"，自己看得最重要的人，如此否定自己，他们又何来自信呢？

叉烧、猫狗、废物，是不应该拿来与孩子相提并论的，无论是玩笑话，还是气话，一旦说出口，可能需要花百倍的力气来弥补。要培养自信、阳光的孩子，就需要把孩子当作一个真正的人来尊重、来陪伴。情绪不好的状态下，说话前，先三思，哪怕对方只是孩子。孩子也有自己小小的自尊世界，需要家人共同耐心守护。

故事八　用生命来争夺控制权

在青少年遇到的状况当中，情绪问题占大部分，其中抑郁焦虑状况又是最多的。

这是一个厌食症的案例。当然，对于厌食症有很多看待的视角，从社会对女性的期待，从文化的角度、以瘦为美的审美观的角度，都可以做出相关的解释。我想尝试从家庭的角度去诠释，因为我们接触的都是青少年，青少年的厌食症跟成年人是有很大区别的，他们会有意无意地沾上青春期的色彩。

这个孩子十四岁，初二学生。我见到她的时候，一米六的女孩子已经瘦到不足七十斤，手臂和腿都只能看到骨头，脸的两边都凹陷下去，她用头发把脸挡起来，只能看到一点点脸部和眼睛。疯狂节食仍然在继续，她每天完全不吃正餐，只吃一些水果和青菜，一小团饭，而且这都需要在父母的督促下才能勉强吃下去。她几乎不觉得饿，而且大部分时间都活力满满，利用所有自己可以利用的时间来学习，她希望可以通过在家自学参加中考，而实际情况是，伴随着强烈的焦虑，她基本看不进去书，无法坚持上学，已经在家休学两个月。她的情况已经需要住院治疗了。

我第一次跟她接触的时候，她有一个很有意思的要求，她坚持要把她的课本带进治疗室里。几番协商后，我只得同意，她就将书抱在胸前，跟着我进了治疗室。只是她并没有一边谈话一边看书，她很认真地跟我交谈，书一直是放在座位旁边的，只是她一直看表，不断强调说："我要抓紧时间学习，我觉得我也没有什么大的问题，我可以自己调节，住院太浪费时间了，我还有很多学习任务要完成。"

另外一个很有意思的现象是，住院患者有一定的作息时间，大概晚上九点关灯睡觉，早上六点钟起床。她会在晚上大家都关灯睡觉的时候，自己在大厅拿着书看，看到十二点左右才睡觉。每天早上大概四点多近五点，她就会调闹钟强迫自己起来，继续看书。她反复跟我谈到的也是同样的诉求："你看我现在不是都挺好的嘛，该做的事情我也做，你看我每天这样的作息，只睡四五个小时，我也很有精神，你们怎么都觉得我有问题？我只想回家学习，我只是在学校的时候想家，无法在学校待下去而已，这并不是什么问题。"其实整个谈话的过程中，她留给我的说话空间很小，大部分都是她自己不断在重复同样的话："我要利用每一分钟来学习，因为大家每天都在上课，我已经落下很多功课了，我不能再这样子荒废自己的时间，我现在最主要的事情就是把学习赶上去，其他都不重要。"她说得快而急促，也没有意识到自己的重复，她的焦虑其实已经很明显，但她自己似乎浑然不觉。

后来，我才慢慢了解到她整个症状的发展过程。

她升入初中时，学校校规严格，要求所有女生头发都不能过肩。留了多年长发的她不愿意剪，结果被老师当众批评，她最后妥协了。因为短发每个月都必须剪，她每次剪都哭，这样度过了一年。她在校期间心情一直很不好，对学校很不满意，觉得学校不讲道理，很多规矩都很不人性化，包括不能留长发，以及作息时间、衣着打扮等方面的限制，都显得迂腐可笑。同时，同学也很自私，老师也面目可憎，这一整年她基本都是独来独往，每周唯一期盼的就是周末待在家里，那样心情会放松很多。在她眼中学校就是一个非人的地方，她待得很压抑，每天都是煎熬。她多次要求转学，父母以为她慢慢能适应，就没有为她转。

到了初二，无奈之下，父母为她转了学。但新的学校要求住宿，这对她来说是更大的挑战，她更加闷闷不乐，也不跟别人交往，继续独来独往。她逐渐出现睡眠问题，晚上睡不着，早上又很早起，消化系统也开始出现一些问题，吃东西吃得比较少。后来她就觉得自己好像长胖了，不好看，便决定减肥，刻意地控制饮食，努力运动，但这时候基本的营养摄入还是没问题的。初二下学期的时候，情况加重，她的成绩不断下降，依然没有朋友，焦虑逐渐明显，无法专注听课，看书也看不进去，开始吃得更少，每一顿饭都要计算卡路里，每天都要称体重。看着体重秤上的数字不断往下掉，她会莫名地开心。只要稍微增长了一点点，她便一整天都会非常自责，似乎自己犯了很大的错误。

接着她开始每天打无数次的电话给她的妈妈，说她在学校很难受、很痛苦，跟她妈妈汇报说自己今天又没有吃饭，不想吃，吃不下，反复强调是真的吃不下，没有胃口，吃什么都没有胃口，每天都觉得很饱。接着，她就哭着说："在学校太痛苦了，每一天都很煎熬，我都已经撑不下去了，这样活着一点意义也没有。"母亲每次接到电话就跟她一起哭，很心疼孩子，担心孩子真的出问题，无奈，只得接她回家，但并不像之前回家就解决了所有问题，就一切正常。在家里吃饭仍然是个大问题，父母这样形容，她每天吃饭都像是打仗一样，你让她多吃一点，她给你夹出来，你夹给她，她再给夹出来，不断地讨价还价，最后吃得还是很少。她很委屈："你们不要逼我吃饭，吃饭是我的自由。"妈妈还有另一个困扰，每天她都守着妈妈做饭，指挥着她什么能放，什么不能放。她会告诉妈妈："你要是放了蒜我就不吃了！""这个菜里放了肉我就不吃了！"妈妈胆战心惊，如履薄冰。妈妈说："我都快不会做饭了，每天到做饭时间我就很紧张。"但她似乎很乐在其中，除了偶尔的情绪爆发，大部分时间她看起来还算开心。

家里每天像战场，每天都要因为吃饭开一场辩论会，大部分时间都以父母失败告终。

　　于是他们开始做家庭治疗。我看到的是一对非常无助、非常焦虑的父母，妈妈坐下来就开始讲："她现在这么瘦怎么办？我们想尽了办法让她吃她都不吃，我们真的没有办法了，完全不知道该怎么办。"妈妈说完爸爸就开始放狠话："有时候就想，反正我跟她妈也还年轻，我们还可以再生一个，我们照样可以过得很好。"妈妈开始哭泣。但是孩子没有任何的反应，她在旁边很冷静地看着父母说她的事情，好像在说一个与自己完全无关的人。我问了孩子一个问题："在你的家里和学校里有人可以要你吃饭吗？"她的表情立刻由冷漠到笑容满脸，那是一种很得意的笑，带着骄傲和成就感，像是背着家长做坏事得逞的孩子，很坚定地回答："没有。"没有人可以让她吃饭，这在她看来是一件值得骄傲的事，这跟父母对于这件事的看法是完全不同的。这是一对被折磨得精神崩溃的父母，以及一个玩得成就感满满的孩子。

　　她拥有一整套理论体系来解释她的坚持："吃饭是我自己的事情，我喜欢吃就吃，不喜欢吃就不吃，凭什么要别人来监督？我不喜欢别人盯着我吃饭。如果别人来勉强你们吃饭，你们会是什么感受？你们强迫我吃饭，是不尊重我的人权，侵犯我的自由，你们没有这样的权利！"她说得铿锵有力，不容反驳。我知道，跟这个孩子讲道理，顺着她的思路去跟她辩论，是注定会失败的。爸爸说："你看吧，我们都拿她没办法，没有人可以勉强她吃饭，我们又不可能灌她吃饭，是不是？"孩子在吃饭这件事情上，是有绝对的掌控权的。她让全家人都缴械投降了，她享受着自己获胜后的快感，却不知道，这是一场真正的死亡游戏。

　　是什么原因能够让一个孩子以命相搏，来获取短暂的满足感和掌控感？

　　爸爸提到了一些线索："我们小时候对孩子的要求非常严格，对她的学习成绩要求非常高，基本属于考了九十八分都要骂她，让她反思另外两分是怎么丢的。当时是觉得她很聪明，很有天赋，希望通过督促她学习可以让她有一个更好的未来。她一直以来学东西都比别人快，像画画，她完全没学过，就比专业学过几年的人画得还好；学习新知识别人要讲几遍才行，她讲一遍就会了。她也一直很争气，小学成绩都很好，基本不用我们操心，也很少不听我们的话。"这个爸爸出生在农村，靠读书这条路最后去了一个很好的单位工作。所以他对于读书这条路是非常信奉的，他觉得这是一条最正当、最顺利的路。

"谁不希望自己的孩子有一个顺利的未来呢？"爸爸带着无奈的声调问我，这个问题我竟不知道如何作答。所有的家长都希望自己的孩子可以走在一条康庄大道上，无灾无难，九九八十一难一难都不要遇到，就能顺利成佛。这是我接触到的很多家长都存在的期盼。希望可以在孩子小时候就做足准备，不让孩子"输在起跑线上"，让孩子有个好成绩傍身，一路重点小学、重点初中、重点高中、重点大学地读上去，中途不要走岔路，不要沉迷游戏，不要早恋，不要叛逆，一直走上人生巅峰。当我们这样去跟家长形容的时候，家长也承认这样的期待不现实，但确实所有人都在推崇这样的路径，因此，一旦期待落空，便觉得如天塌下来一般，六神无主，不知所措。当然，这跟现代人的"育儿焦虑"有关，父母对于孩子教育这件事有发自心底的不自信。孩子的教育没有试错的机会，所以父母只能选一条众所周知的稳当之路。亲子教育不需要持证上岗，很多父母对于孩子的成长过程、发展阶段都完全不了解，怎么能去处理孩子在不同成长阶段中可能出现的问题呢？手中无剑，心中无招，当然就只能期盼敌人不要来。我并不赞同现下流行的将所有孩子的心理问题都归结于父母，去不断批判父母，去让父母认错的做法，在我看来，大部分父母只是需要学习，需要引导而已。

我眼前的这对父母也是，我希望跟他们一起，走出泥泞。

"很多时候我觉得自己快撑不住了，想要放弃。"爸爸再一次虚弱地表达，"她妈妈在得知孩子的情绪问题之后每天都哭，想起来就哭，提起来也哭。在孩子吃饭的问题上，我很希望我的妻子可以支持我，跟我站在同一战线上。有时候我告诉孩子，我给你盛了这么多，你一定要吃完才能下桌。但是她妈妈会不忍心，会说她真的吃不下，那就算了。看到孩子吃得很痛苦的样子，她又会在旁边哭。所以，这段时间，我不仅要担心孩子，还要担心我老婆，我身上的担子真的很重。"原来妈妈跟爸爸在对待孩子吃饭这件事情上做法是不一致的，妈妈已经基本处于崩溃的边缘，爸爸只能硬撑，觉得妈妈有时太过心软，在吃饭这个问题上没跟自己站在同一条战线上。

　　这对夫妻，结婚十余年，他们的相处模式一直是这样。爸爸承担着家庭的所有压力，他努力工作，已经成为所在科室的骨干，妻子和女儿从来没有承担过家庭的经济压力。遇到事情，他都是先为其他人考虑，尽可能不让家人担心，所以在这之前他从来没有跟家人表达过自己的压力和脆弱。在妻子怀孕七个月的时候，他常规体检查出疑似鼻咽癌，但是他的第一反应不是去告诉他的妻子和他的妈妈，而是去买了大额的保险，保证如果他真的出了事，他的家人可以得到一笔赔偿以维持生活。在他看来，这是他能为妻子做的，能为孩子做的事，至于自己，他没有放在考虑的首位。这一切，妻子都一无所知。后来他确诊没有问题，他如释重负，这才告诉了家里人。他认为妻子怀着孕，告诉她会让她担心，影响她的情绪。我问他妻子："你希望他当时第一时间告诉你吗？""我很希望他告诉我，很多事情我都希望他告诉我，跟我商量，我希望我们能够共同去面对。"这是她的内心期待，但是爸爸似乎没有听进去，他反复强调说，他既要担心妻子，又要担心女儿，他用他的表达拒绝着妻子的关心。十几年来，这对夫妻都一直沿用着这样的相处模式，但是你不能说他们感情不好，他们都把彼此当成很重要的人。像爸爸只要坐飞机，都要加钱买很大额的意外保险，他仍然坚持认为自己可以出事，但不能让家人失去依靠，至少要留给他们一份经济保障。

爸爸对自己的家人可谓用情至深。只是情虽深，却缺少信任，而每个人的能力又毕竟有限。

这就能够解释为何这个立志要扛起全家人生存重担的爸爸，会说出那么多伤人的狠话，只因他濒临崩溃。他对女儿说："你要不想活了，我们就再生个二胎。"而且这些话出现得非常频繁，这样的表达，无论是真心话还是气话，都会损伤一个孩子对于父母的信任，更何况是一个处于极度焦虑，觉得生活一切都在失控当中的孩子。那她会怎么办？她会想出自己觉得有用的方法去应对，有意或者巧合，她找到了拒绝吃饭的方式。

夫妻没办法达成合作。妈妈非常担心孩子的情绪问题，她不忍心勉强孩子吃饭，她看不下去："你看她都吃得这么难受了，她每天都哭，她说她很痛苦、很难受，我该怎么办？我没办法啊，我不能让她一边哭一边吃饭，我狠不下这个心。"妈妈担心逼孩子吃饭，孩子的情绪问题更严重了怎么办？我们逼她吃饭，她以后恨我们怎么办？她不理我们怎么办？她的头脑中乱成一团，有很多事情需要考虑。到最后，她什么都不敢做，只能坐在原地，哭泣。

这个聪明的孩子当然不会放过父母中间这个明显的空子，父母无法达成一致、无法相互支持，都成为她实现自己目标的绝佳空间。

因此，爸爸妈妈只要讨论到她吃饭的问题，她就会反复跳出来，谈得头头是道："我觉得吃饭是我自己的事情，跟你们没有关系，你们不要来逼我。"父母显然是说不过她的，她在这件事情上像一个坚强的斗士，这对焦虑的父母三两招就败下阵来了。她像每一个青春期的孩子一样，努力去争取自己的权利去寻求独立和自由，她每句话都在强调着。

但是她却不止一次地跟母亲说："我不想长大，小学的时候是最好的，那时候天真、烂漫，什么都不用烦恼。现在上了初中有很多事情需要去担心，很多事情需要去面对，现在这个阶段，太难熬了，我想退回小时候，小时候才是最美好的。"妈妈笑她："这怎么可能呢？人是不可能倒着长的。"

但天真的孩子却可以用一些方式让自己停止生长，比如，不吃饭。

厌食症对于青少年而言，是有这样的功能的。不吃饭，体重急剧下降，看起来瘦瘦小小，会让孩子有一种自己真的很小的错觉。症状严重时女孩会停经，第二性征也会停止发育。表面看起来这个孩子真的没有发育成熟，她卡在了从小女孩到成人之间的转换中，这满足了她的幻想。另外整个交谈过程中这个孩子的语言表达都带着撒娇的口吻，她反复说："我不要吃饭，我吃不下。"她没办法像一个半成年人一样来阐述目前她面对的困难，并跟你讨论解决方法。她的一大堆道理，其实更像是强词夺理，因为吃饭本身，并不是一个可以讲道理的事情。

我给了这个孩子一个确定的解释："一个能够判断自己吃多少饭，能够保证营养、保证生命的孩子，是不需要别人来告诉他要吃饭还是不吃饭、要吃多少饭的。但是如果说一个小孩还不具备这样的能力，那父母不能听之任之，他们有责任、有义务让孩子生存下去，因此必须想尽办法保证孩子营养的摄入。这个跟谁有道理无关，这关系到监护人的责任，是人伦和本能的范畴。"她没有反驳。接着，我毫不客气地告诉她："在我看来，你现在虽然年龄已经长到了十四五岁，但你的应对方式更像是一个三岁的小孩，三岁的小孩需要家人来担心她的健康，来督促她吃饭，你现在也需要。不然，等到你的身体真的出现问题，你的父母会因为没有尽到应尽的责任而自责内疚一辈子。"她正了正身子，保持良好的精神状态后，中气十足地跟我说："我觉得我现在身体挺好的，我每天该动还是能动，我晚睡早起，熬夜看书，还是精力充沛，我自己有分寸。"我不置可否地笑笑：果然还是小孩子。

这就涉及厌食症孩子的另外一个认知误区：我的身体如果有问题，我肯定感觉得到。她太信任自己的感觉，以至于对于血液或者是营养状况方面的检查指标，她都可以视而不见，她只信任自己的感觉。她不知道，身体状况首先是在指标上反映出来的，等你感觉到了症状，你可能就需要进 ICU 急救了。她以为她是在玩一个乐在其中又无伤大雅的游戏，却不知道是在拿生命开玩笑。营养不是短时间内能够补充的，也不是短时间内会流失掉的，会有一个渐进的过程。这种状况会让孩子产生一种类似于迷惑性的自我感觉良好，过度自信地以为一切尽在自己的掌握之中，却早已失去客观理性的判断能力，若真等到她意识到后果严重，只怕已后悔莫及。

这个孩子，其实已经处于"退行"的状态，她的思维和理智已经跟实际年龄完全不相符，她需要成年人的帮助和支持，而不是完全按照她的意愿去行事。将全部的主动权交给她，其实是父母的不负责任。她像一个握着方向盘的小孩，坚持告诉你她没学过开车又会开车，她一定要自己开车，可想而知，如果父母让步，后果将不堪设想。很多人以为患厌食症的孩子是不怕死的，其实他们内心是有非常强烈的死亡恐惧的，只是他们不相信这样的行为有死亡的危险。

有一些事情是不能跟孩子去讲道理的。

有厌食症的孩子的父母如果不想看着你的孩子慢慢消耗生命，就必须去做些事情，去"不择手段"地让他吃饭。情绪很重要，让他开心很重要，但他的生命更重要。

这对父母脑子里被太多信息充斥了，又要考虑女儿的情绪问题，又要考虑她上学的问题，又要考虑她吃饭的问题，丈夫还要担心妻子的情绪问题，他们已经超负荷了，需要给他们减负。太多的担忧，会引发无尽的焦虑，造成无法厘清的混乱，而帮他们看清混乱中的重点，他们自然就能够找到应对方法。生命是最重要的，要让自己的孩子活着，这是超越一切的重点，所有的应对方式都应当围绕这个中心。陪着一个"三岁"的小孩拿生命当赌注来玩游戏，放纵她乐在其中，最后会让所有人后悔莫及。

　　这里我们来讨论一个时下流行的话题：给小孩自由。这个概念对于大部分家长来说是一个全新的事物，以前父母对孩子有绝对的权威，突然提倡自由，父母其实是要"摸着石头过河"的。因此在我们的临床工作当中，常看到父母游走于绝对的权威和绝对的自由之间，孩子也因此无所适从。就如提倡不要给孩子学习压力，不要过度在意成绩，到了很多家长口中就变成"你随便考多少分都行，我们都不在意"。于是孩子一头雾水，拼命揣测父母要求的分数到底是多少。父母却不曾想到，过于自由，对于孩子来说可能代表没有边界，由此会带来无标准的恐慌和不知所措。给孩子自由，是相对的自由，有边界的自由，是陪伴孩子去学会自己做决定的过程。必要时，对于孩子无法承担后果的事情，父母需要去承担这个责任，例如这个案例中的父母。要想办法先让孩子吃饭，让她保命，其他事情，通通先放在一边。

　　这样孩子肯定不服气，想要继续辩论，并围绕着"到底吃饭应不应该管我"的话题争论不休。爸爸妈妈给她的反馈最后终于统一为："其他的事情可以商量，吃饭是一个不需要商量的问题，我们也不要在吃饭这个问题上来跟你讨论，你现在没有判断力。"我很意外，妈妈后面能够很有力量地对孩子说："你不想死你就得吃饭。"在这次治疗之后，孩子在医院的饮食有了较大的改善，能基本保证营养摄入，虽然她仍然反馈吃得很痛苦，但是能够吃下去，也没有吃了之后吐出来或者其他不舒服的反应。

　　父母悬在半空中的心终于放下来一些，能够平静地去探索孩子行为背后的原因。

　　孩子说："我对爸爸妈妈都不相信，也不认同他们的想法。"她在面对问题时，会选择用自己的方式去处理，对于父母的建议很少参考。在她眼中，妈妈遇到事情动不动就哭，爸爸则很焦虑，会说自己是被妈妈惯坏的。她觉得他们都很烦。她坚定地认为自己是遇事最淡定的人，只要深思熟虑，就能想到应对方式，而且她坚信自己的选择是最佳的，即使在我们看来，她已经快要被自己的焦虑压崩溃了。她坚持认为她的应对方式很好，不需要父母帮忙，父母只会妨碍她。

青春期的孩子往往会过高地估计自己的能力，特别是当他们孤立无援的时候。

后来我们了解到更多的信息，对孩子的应对方式有了更多的理解。其实这个孩子从小到大基本上跟妈妈更亲近，所以也就不难理解她在学校坚持不下去的时候，都是找妈妈哭诉，从来没有找过爸爸。这是个非常焦虑的妈妈，我每次见她，她基本都是眉头紧锁，不断重复自己担忧的事情，难得有笑的时候。从小到大，对于孩子生活中的所有细节她都非常在意，要求孩子必须按照她的标准去做，一有不顺意便会数落孩子。比如书桌不整洁，写字的坐姿不对，眼睛离书本太近，头太低……不一而足。她的工作清闲，因此她有足够的时间陪着孩子，孩子的一举一动都在其"火眼金睛"的关注下。而爸爸对小孩的成绩也比较在意，会因为成绩不好而打骂孩子，他觉得这样的方式能够督促她进步。这个家庭中还有奶奶同住，她生怕孙女吃不好，小时候想尽办法哄她吃饭，追着孩子去喂饭也是常有的事。总结起来，就是典型的全家人都围着一个孩子转的模式。

追着给孩子喂饭便是最典型的写照。我在临床中甚至见过十几岁的孩子不想吃饭，父母也会喂饭的情况。小婴儿已经知道吃多少奶是饱，吃多了会吐出来，饿了会大声哭泣，但我们的家长却无法信任十来岁的孩子，吃饭还需要连哄带骗，全家出动，因此，也就有了"有一种冷叫你妈觉得你冷，有一种饿叫你妈觉得你饿"。不可否认，这也是一种爱的表达方式，只是这可能会影响孩子对自身感受判断的信任感。另外，在进入青春期后，这也可能导致孩子将吃饭作为斗争的新战场。

爸爸后来说："小时候孩子提出想学钢琴，她很感兴趣，一开始热情也很高。但是学到中途她就开始觉得没意思，反反复复都是学枯燥的基础，自己不知道什么时候才能弹曲子。于是她就去跟妈妈哭诉，说练琴太辛苦，自己坚持不下去，说得情真意切。妈妈就不忍心了，劝了一下就同意孩子放弃了。我一直很后悔这件事情没有劝我老婆，后来孩子做很多事情都是三分钟热度，一遇到困难就放弃，我觉得我们也有责任。"妈妈叹气说："当时只是看着她痛苦的样子不忍心，你说哪个做母亲的不心疼孩子呢？我也没想到会有这样的影响。"我于是接道："就像你现在看到她吃饭辛苦，不忍心一样。"妈妈沉默良久，不住叹气。

面对困难，想要逃避，这是人的本能反应，但人的成长过程就是在生存与本能间取得平衡的过程，死亡是终极逃避。战胜本能，才能更有勇气去面对。父母在这个过程中需要扮演鼓励、陪伴的角色，让孩子体验战胜困难的乐趣，而不是滑向本能逃避的深渊。显然，这对父母没有扮演好这样的角色，母亲的过度担心、父亲的过度严厉，都加重了孩子对困难的恐惧，只能让她止步不前，进而节节后退。

孩了对此再清楚不过。

她总是将自由和权利挂在嘴边，坚持不懈地为自己辩护，我便问她："你去学校，爸爸妈妈都完全管不到你了，不是更自由吗？"她意味深长地笑笑说："我只想要小的自由，我不想要大的自由。"接着，她带着辩证的思维解释道："因为大的自由有风险。"我们几个大人面面相觑，没想到这个孩子会思考得如此透彻。在小的事情上获得掌控权，在家中获得绝对的话语权，对于这个孩子来讲非常重要。回到学校、离开家或者去做自己想做的事情，她非常清楚自己没有准备好，也没有信心能够做到。如果能在小事上获得同样的成就感和掌控感，何乐而不为呢？从风险投资的角度来说，她选择了风险最小的项目，而非高风险高回报的项目，不失为明智之举。只是，她不知道，不是所有风险都是肉眼能看到的。

没有人可以让她吃饭，在她眼中就等于所有人都不能勉强她做她不想做的事情，这对于青少年来讲何尝不是自由。当然，这种自由就像肥皂泡，一戳就破。那是一种自我麻痹的幻想自由，我们不忍心戳破，但必须在恰当的时候去戳破，让她可以面对现实。她清楚自己的处境，但她不愿意面对。她全部的生活都陷入了失控状态。她没办法正常上学，在家里也看不进去书，每天都拿着书，今天是那一页，明天还是那一页，所有的内容都进不到脑子里去。她交不到朋友，她不知道该怎么交朋友，她从一个天之骄子变成了自己看不上的平凡人，她无法接受这样的现状，只好努力逃避。

相反，在吃饭这件事情上，她能够找到完整的掌控感。当她面对成绩和人际关系双重压力的时候，她没有选择去向父母求助，多年相处的经验让她觉得父母都不可信任。爸爸严厉，情绪暴躁；与妈妈关系虽紧密，但记忆中妈妈却总是哭泣，还需要自己支持和安慰。既然他们都靠不住，就只能自己解决，以自己有限的人生阅历，选择一个让自己觉得安心的方法来解决。拒绝吃饭，阴差阳错成了这个方法，而家人的反应，在吃饭这件事情上的不断妥协，让她彻底掌控了整个局面，这就是我们所说的家庭互动可以"维持症状"。

故事中这个妈妈向我哭诉说："我的小孩，每天我做饭的时候，她都一直死死地盯着我，嘴里指挥着'不能放辣椒，不能放蒜，放太多盐了，炒的时间太长了，重新炒！'"妈妈做菜的手已经有些发抖了，心里憋着一股火，觉得自己都快崩溃了。但她什么都不敢说，只能一一照办，因为只要她不照做，女儿一句"那我不吃了！"她就招架不住。妈妈说："现在每到做饭时间，我都像要上刑场一样。"孩子的感觉则是完全不同的，她说："我从来没有享受过这种感觉，从来都是她要求我不能做这、不能做那，没想到有一天她也得听我的。"她的语气中满含着得意。即使她因此已经瘦到极限体重，已经进过 ICU，她还是坚持不懈。她很快就学会了家长的应对方式，并且在"以彼之道，还之彼身"原则的指导下，变本加厉地施用到家长身上，发挥出更大的杀伤力。当然，这场战斗中，没有真正的赢家。

　　母女之间纠缠冲突的关系是如何形成的？不得不提出夫妻关系来探讨。

　　这对夫妻感情基础深厚，但在婚姻生活中，爸爸习惯什么都自己承担不告诉家人，妈妈想参与参与不了，在丈夫那里得不到信任，如今一个新生命诞生了，全心全意地信任她、依赖她，转移便在无意识当中发生：母亲将全部的精力和注意力都投注到孩子身上，丈夫在家庭中无法实现自身价值，就寄情于工作。十几年时间中，夫妻二人单独出去的次数屈指可数。而每当夫妻俩单独出去时，妈妈便三句话都离不开孩子，"不知道小孩有没有吃饭，作业今天到底做了没，是不是又一直玩手机……"翻来覆去地说，老公接不了话，觉得自己在旁边好像是摆设。接着，早早回家，之后便尽可能避免这样"尴尬"相处的状况出现。当然，一家人十几年来一直相安无事，爸爸工作出色，职位节节攀升，妈妈为女儿忙碌着，看起来倒也充实。

　　如果孩子不出问题，大约这样的模式会一直维持下去。

　　这对夫妻大约没有准备好去接受他们的孩子有一天会长大，会有自己的想法，会叛逆，会觉得他们的照顾是过度干涉、是控制。

　　孩子的反抗随之而来，而且轰轰烈烈。孩子回家关房门，不说话，喜欢一个人做自己的事情。最忍受不了这些改变的，是妈妈。

　　妈妈不无失落地说："我每天回到家是找不到人说话的，我跟老公不知道该聊什么。但是一家人都不说话，又很奇怪，也显得我自己很孤独的样子，我不喜欢这样的感觉。我也不能一直抱着手机，我没有什么特别的兴趣爱好。我怎么办？我只能去找我的孩子，以前在家我都是跟她说话的，我督促她学习。"她也注意到了孩子的变化，跟孩子说话时她总是嫌妈妈烦，或者干脆不理。怎么才能引起女儿的回应？"我只能去说她这个做得不好，那个做得不好，这个东西怎么摆在这里，今天作业怎么做成这样，你看你这个发型，你看你的衣服……"妈妈看女儿浑身都不顺眼，哪里都要批评一番。女儿当然不服气，跳起来反驳，双方的互动成功达成，即使吵得乌烟瘴气，精疲力竭，也比妈妈一个人孤零零要好。

反观孩子，她在学校待不下去，在家里又待得很压抑，她的这种焦虑感和压抑感特别强烈，她找不到其他的出口可以去宣泄，所以就无意识找到了拒绝吃饭这个方式，然后就欲罢不能了。到后面不吃饭对于她来讲未必有什么实际意义，她就是享受你们都不能让我吃饭的过程。在掌握了这种"自由"之后，这个小孩又把她的妈妈当成一个"避难所"，让她可以逃避外界的压力，想办法待在家里，不去上学。但是待在家里又很难受、很压抑，她总要找一点出口来发泄，所以她更加不想吃饭，事情就这样变成了一种恶性循环。

一旦看清楚了整个过程，问题的解决也就顺利起来。爸爸妈妈拒绝在吃饭这件事情上跟她商量，认可这是父母必须履行的监护责任。每天要求她必须吃固定量的食物，但保证她的一部分自由：你什么时候吃，你在哪里吃，我们不管你。她慢慢可以吃到一个保证营养的饭量。父母放弃了在吃饭这件事情上的过度关注，她的抗争成了独角戏。她觉得没意思了，渐渐也就放弃挣扎了，经常无意识地自己吃起牛奶、水果来，饿了也会自己做东西吃。她还是比较在意体重，喜欢自己瘦瘦的样子，但不再病态地追求体重数字要一直往下掉。在休学期间，她会自己骑自行车出去玩，她很享受这种时光，想去哪里就去哪里。她懂得保护自己："我只去自己熟悉的、安全的地方。"妈妈一开始不放心，一天能连续打十几个电话，更有甚者，一旦她不接，就连续打几十个，一条短信过去，不回，便又是一番电话轰炸。孩子有时候烦了，故意不接，妈妈可能会一下午在家里如坐针毡。这个适应过程，确实不容易。

这对十几年的老夫老妻，再次尝试学习去过二人世界。一开始双方都很别扭，妻子还是不放心孩子，双方不知道出去该干什么、能怎么玩，完全不像一起生活了十几年的男女，倒像一对新婚夫妻，重新学着相处。好在他们还算坚持，甚至定下了每周末要单独出去一天的计划，并认真去执行。

后来，孩子重新回校上学，为了帮助她适应学校生活，孩子暂时不住校，由爸爸每天开车接送。爸爸很形象地讲述她去上学的情况："我每天都要起很早送她去学校，然后我就在车里看着她走进校门。她瘦瘦的身影，背着书包，一步一回头慢慢挪进校门，脸上满是不情愿。就像小孩子上幼儿园一样。"我们笑起来，她自己也不好意思地笑。一开始，她还是会每天发短信，告诉妈妈她多么痛苦，学校的时间多么难熬。妈妈努力克制自己的情绪，表达理解和支持，但尽量不表现得过度担心。爸爸需要每天五点起床，开一个小时的车，送她上学，但毫无怨言。夫妻尽量传达给她一个印象：我们知道你现在要面对的困难很大，但是我们跟你一起去面对，我们一起去想办法，我们可以一起度过这个阶段。好在，她每天都坚持去，并且在休学大半年的情况下，跟上了班级的学习进度，成绩名列前茅，跟同学相处融洽。

家庭就如个人一般，是有生命周期的。孩子一天天长大，也会一步步朝离家的方向远走。很多家长以为这个离别是一夜之间发生的，孩子要到十八岁，或者要到工作了，到结婚了，才会离开家，其实不然。孩子的心理发展都是有规律的，会有两个独立期，一个在三岁到六岁，一个在十岁到十二岁。这是孩子自我发展的两个关键期，他们会想方设法去寻找自我，确立自我生存的空间，甚至不惜代价。

父母能够做的，便是为孩子的独立创造更好的家庭环境，并且安排好自己的生活，逐步接受孩子离家的事实。如此，很多家庭战争便能够避免，孩子也不需要以生命为代价，来争取自由和权利。

故事九　上学为何这么难？

　　目前，全社会对于心理健康，特别是孩子的心理健康的了解程度是远远不够的。当孩子还可以正常上学、正常生活的时候，大部分家长不会特别去关注他的情绪，孩子更是很少跟父母交流自己的心情及在学校人际交往等方面的情况。大家相安无事，日子也就这么顺其自然地度过了。

　　我临床中接触到的很多孩子，基本上都是情绪问题、人际交往问题已经影响到学习，甚至已经上不了学了，家人才意识到他需要专业的帮助，如若不然，多是觉得孩子能够自我调节，以为一番劝解便万事大吉。"我们不知道他会这么严重，如果早知道，肯定不会拖到现在。""打也打了，骂也骂了，但他就是不愿意去上学，我真的没办法了。"一对对不知所措的焦虑父母，不断重复着类似的话。接着就是灵魂拷问："医生，你说他到底什么时候才能回去上学？"

　　我无法回答。厌学不是因，是果。

　　无法上学是所有问题的集中体现，而要能够顺利恢复上学，也必须先解决背后的情绪、人际关系、学习压力等问题，这也是最难向家属解释清楚的一个问题。"不愿意上学不是因为懒吗？""不是因为抗压能力不强吗？""医生，你劝劝他，跟他强调一下不上学的严重后果。他就是不懂事，不然不会这么让人不省心。""他现在就是在逃避，要让

112

他知道逃避没有用！"我很多时候不知道应该从哪里开始解释，才能让家属理解看似简单的厌学背后，心理因素的复杂作用。

我很奇怪，很多家长总是习惯假定，特别是在孩子厌学之后，更是坚信自己的孩子是懒的、不上进的、逃避的，是一刻不督促就会自甘堕落的；在谈起自己的孩子时总是摇头，仿佛在谈某个恶棍，一脸嫌弃。往往将这些标签贴给孩子之后，家长们不会觉得应该加以引导，孩子是可以改变的，而是幻想孩子知道了自己的不足之后自觉改正。家长觉得反复提醒他们的缺点，他们就能够自然改正，但这样更多地换来的是孩子自暴自弃，形成恶性循环。而当我接触这些孩子的时候，却发现他们同样渴望父母的认可，并努力让自己有过人之处，尽力让自己成绩优异，完全不像他们父母眼中那么无可救药。生命向上，人性向善，我相信每个人内心都有向上的动力，只是某些其他因素阻碍了潜力的发挥。

我只是很想让这些家长相信，他们的孩子，发自内心希望自己能够坚持上学，希望自己能够成为父母眼中的骄傲，希望可以找到自己生命的价值。只是有各种各样的原因阻碍他们去实现这一目标，他们才会暂时地回避、退缩。殊途同归，恢复上学是最终目标，但在此之前还有许多难关要过。

我依然想用案例分析的方式，来表达我想表达的观点。

第一个案例是个女孩子，十六岁，读高二，近段时间成绩下降明显。这个孩子从小成绩优异，中考却失手，没有考入理想的高中，勉强来到现在的高中后，一直心有不甘，觉得同学的水平跟自己都不是一个档次，立志要在班上稳居第一。但事与愿违，上高中之后她的成绩一直很不稳定。班级的活动她经常不参加，并且大部分时候她都心情不佳，但正常的学习还是基本可以保证的，家人也并未觉得有何不妥，即使她经常看起来闷闷不乐的，也觉得她自己能调整过来。

后来她跟同学交往的问题越来越明显，她完全不参加班级的活动，几乎没有朋友，整天没精打采，做什么事情都没有动力，经常自己在宿舍哭，经常失眠，她甚至自己去找过心理医生，但家人对这些一无所知。

高二开学的时候，上述状况加重，她上课的时候经常发呆，听课听不进去，试了各种方法都无法集中注意力，成绩不断下降，每到考试，就紧张到整个人发抖。她的自我评价跌到谷底，觉得自己什么都比不上别人，在同学面前抬不起头，在班级中待不下去，觉得大家看自己的眼神都怪怪的……几经挣扎之下，大概在休学前一个星期，她一次性喝了一百毫升的洗洁精。此事惊动了学校，学校在通知家长后，把她送去了医院洗胃。此时，家人才知道她的问题真的很严重了。

这是一个单亲家庭的孩子，在她很小的时候，父母就分开了。爸爸一直酗酒，喝醉之后就会打妈妈，也会打她。爸爸基本没有管过她，她基本与母亲相依为命，爸爸妈妈离婚后她仍对爸爸怀着恨意。她觉得自己的身体里流着爸爸的血，有爸爸的基因，是一件很恶心的事情。

我接触这个孩子，发现她在喝洗洁精这个爆发点之前，已经积累了很多的情绪。她很特别，高中生很少有喜欢摆沙盘的，她第一次见我时，就很自然地自己摆了一个沙盘。她摆了一个城堡，城墙外有士兵把守，外面有普通的居民把城堡全部围起来。她说她期望自己像一个公主一样住在城堡里，她的城堡有重兵把守，外面还有平民守护，她觉得这样她住着才安心，而且偌大的城堡就她一个人住，她不需要任何人陪伴。这既透露出她内心的不安全感，也带着自我封闭。

她从小到大成绩都很好，中考的时候，原本可以考上当地排名第一的高中，没想到中考发挥失常，中考那几天完全没有睡着，硬撑着考完了三天的考试。她一直对现在的学校非常不满意，觉得这里的老师不好，跟同学没有共同语言。大部分时间她都一个人坐在自己的位置上，埋头学习，她骨子里是透着清高的。与此形成鲜明对比的是，她突然发现自己学习跟不上了，现实状况是她还比不上她看不上的这一群同学，她内心的那种崩溃和煎熬是未经历过的人难以想象的。她说她喝洗洁精的原因，除了觉得很绝望之外，主要是不想上学，觉得在学校里非常压抑，学习上也提不起精神来，每一天都是煎熬，她撑不下去了。她之前觉得所有的个人价值都可以通过学习来实现，现在她唯一的价值支撑都没有了，但是她不敢跟妈妈说，只能靠自己去应对。

她当时跟我形容："我当时心一横，拿起洗洁精，就这么一大口喝下去，当时也不觉得难以下咽。送到医院去洗胃，我到现在都记得很清楚，因为洗洁精不像是其他的东西，洗洁精只能灌那个催吐的水，一直灌，我就一直往外吐泡泡。到后面我完全没有力气了，医生还是让我一直吐。"她顿了顿，说："我都不知道当时怎么能喝下去的，现在我看到洗洁精都恶心。"我看着她面带笑容地讲述这一切，却听出些悲凉来。从她的描述中我能感觉到她的绝望，要么乖乖待在学校，要么就是去做一些可以结束自己生命，或者至少威胁到自己身边的人的事情来，才能摆脱困境。

她说："一直以来我的自我价值感都非常低，觉得没有人会真正喜欢我，即使我真的离开了，除了妈妈也没有其他人会在意的，但是妈妈也经常骂我，觉得我什么都做不好。"她没办法对妈妈开口说：我好像跟不上学习，我觉得自己可能暂时无法坚持上学，我觉得自己状态出了问题，需要调整一下。于是，她选择了喝洗洁精这种高风险的方式，家里人也确实是此时才意识到她需要干预。

在医院待了一段时间之后，出现了一个很有意思的现象：她不想出院。医院在她眼中成了世外桃源一样的地方，她交到了新朋友，彼此接纳，没有竞争，没有利益冲突。这样的同病相怜，是外面的环境中没有的。加之学业压力、人际关系问题都在当下暂时消失，医院简直成了理想的避难所。她不愿意出院，担心回到学校之后仍无法适应学校的环境，又会反复。

　　她需要更深入地处理内心冲突。

　　她主动谈到了她的家庭："我喝洗洁精生病住院之后，妈妈的态度一百八十度大转弯，现在什么都会问我的意见，很关心我的想法，什么事情都会跟我商量。以前完全不是这样，她会因为很多小事我做不好，就否定我，甚至在公共场合骂我。"接着，她开始滔滔不绝地跟我讲她小时候的事情，讲得非常快，好像担心时间不够用似的。从专业的角度讲，这样的小朋友的焦虑都是相对较重的，他们说话快，倾诉欲强，强烈需要他人的认同和肯定，但是她的表情始终冷静，看不出悲伤。她谈到爸爸怎样打妈妈，说在她很小的时候，爸爸就将她和妈妈赶出了家门，这么多年也很少给抚养费，都是自己和妈妈相依为命，但她仍然很镇定，她只是狠狠地说："我一辈子都不会原谅他。"加之爸爸已经再婚，又有了一个儿子，在她眼中，爸爸再婚这个事情就代表爸爸跟她和妈妈的家庭完全没有关系了，自己不会再对爸爸抱有任何的期待。

　　这就涉及她妈妈在离婚这件事情上的处理方式。在孩子的印象中，妈妈基本上没有跟她谈过自己婚姻的问题。妈妈从来不提这件事，她也不敢问，双方就这么心照不宣地相处着。妈妈之前坚信，不谈，就会减少对孩子的影响，她觉得如果跟孩子去谈爸爸喝醉打她或者不负责任，会给孩子造成更大的心理阴影。直到孩子表达对于前夫的强烈恨意，她才发现是自己想得太理所当然了。孩子对家庭的观察和了解，你不说她反而想得更多。她将自己的爸爸想得十恶不赦，内心充满无法消化的愤怒。孩子后来跟我说："我需要时时刻刻对妈妈表达忠诚。"爸爸已经再婚了，而且还有一个陌生的弟弟，她很怕她的妈妈会再婚，然后就跟爸爸一样不管她了。但所有这些想法都只是在她的内心发酵，甚至腐烂，从而导致自我伤害。如何才能让自己稍微安心一点？只能时时刻刻地表达忠诚，让妈妈看到自己的真心，不放弃自己。一个小朋友怎么表达忠诚？只能我都听你的话，你要我认真学习我就认真学习，你要我讲礼貌我就讲礼貌,我不做任何你不允许的事情,不然你就会失望。这是她能做的全部。于是,可能妈妈随口说的一些话,她会看作圣旨一般。妈妈骂了她一下,可能只是习惯性地指出她做得不好的地方,她会一整周想这件事,反思自己哪里做得不好,要怎么改正,生活得小心翼翼。

她妈妈对此一无所知。妈妈后来说:"我是工科生,一直非常理性,小孩六七岁的时候,我就跟老公分开,这么多年不管是经济还是孩子教育都是由我一个人承担,但我从来不会在孩子面前表达自己的情绪,也不跟孩子谈论自己对于过往婚姻的感受,以及接下来的生活打算。"她谈到过往婚姻,说自己不知道为什么找了一个酗酒的老公,她自己是名牌大学毕业,外表、气质各方面都不错,真是遇人不淑,但她谈的时候非常镇定,没有愤怒,也没有悲伤惋惜。妈妈的情绪不表达、不发泄,甚至不流露,亲历事情经过的孩子便开始代替妈妈承载所有的情绪。她自告奋勇地代替妈妈去恨爸爸,帮妈妈打抱不平,加上原本对爸爸抛弃自己的愤怒,仇恨在她心中生根发芽。妈妈不表态,在她看来可能成为一种默许,她一边小心翼翼地猜测,一边小心翼翼地验证,在自己的内心完成了整个加工过程。这样的处理方式,加重了妈妈是她唯一依靠的心理机制,她不断用自己的方式向妈妈表达忠诚,却将自己推向无助和不安的边缘。

当然,妈妈只在一件事情上明确地表达过态度:学习。只有学习好,妈妈才会开心,面无表情的脸上才会有笑容。学习,成为她最确定、最有效的寻求认可的方式。从小到大她都非常自觉地学习,而且高中之前,她的成绩也确实一直非常好,她甚至坚信只有成绩好才能交到朋友。因此,在小学和初中时,她是看不起那些成绩不好的同学的,也从不跟他们交朋友。在那时的她看来,成绩好的人才有资格跟她交朋友。成绩成了救命稻草,成了她的寄托,那时的她从未想过,学习有一天也会背叛自己。这是一个毁灭性的打击。中考因过于紧张导致发挥失常,她没有考上理想的高中。因此，在第一天踏进现在就读的高中校门时，她是对全校其他同学都充满鄙视的，觉得跟他们做同学是拉低自己的身价，不料，上高中之后她的成绩大不如前，加上学校的安排非常紧张，她渐渐觉得跟不上，巨大的焦虑和不安让她加倍地逼迫自己，但力不从心，学习效率非常低。唯一能求助的就是妈妈，但她不敢跟妈妈说，妈妈皱一下眉对她来说都是一场灾难，更何况她以为自己如此不争气，招来的肯定是一顿骂。那样对她来说，比死还难受。因此，她喝洗洁精的时候，一点都不害怕。万幸的是，妈妈看到了她的表达，并尝试做出调整。

妈妈在十多年的时间里一个人带着孩子，她有很大的经济压力，她希望给孩子尽可能好的生活。因为被丈夫赶出家门，她们没有自己的房子，因此她非常努力，有时候同时做两份工作，希望早点可以有她们自己的房子。至于她为什么总是批评孩子这没做好那没做好，她认为那不是批评，是在教她的孩子要如何去做事情。她每天回来都很累，没有多余的时间跟小孩谈心聊天，但又觉得自己有教养义务，便只能用最简单粗暴的方式，不断指出孩子的错误，希望孩子不断改进。后面她们也真的靠着妈妈的努力，有了自己的房子，准备迎接新生活。但妈妈从未想过，孩子会出现情绪方面的问题，甚至有自杀的念头，她不断反思，满心愧疚。

爸爸在这时候也才再次出现，会经常过来看女儿。这对夫妻有一个共同特点，以前双方都认为婚姻中有一些没有解开的结，于是都选择回避。爸爸尽可能避免见孩子，加上孩子对其态度较冷淡，所以一般是有时候打一下电话，稍微问一下她的情况或者给一些钱，以此来维持父女关系。现在，爸爸答应女儿，每周六、周日两天早上，都准时来接她一起吃早餐，跟她一起去一家老字号的肠粉店。妈妈也终于明确地表达，支持她跟爸爸接触，不希望自己的婚姻影响到孩子；并反复跟孩子表达，爸爸和奶奶一直对你都还算好。

　　她于是很开心地跟我描述和爸爸吃早餐的场景，每一个细节都细细讲述。每个周末的早上，爸爸就提前打电话叫她起床，接着，开车到她们家的楼下等她，接上她后，就开好长一段路，去到一家很好吃的肠粉店，两个人一起吃早餐。她的脸上带着幸福和满足，说在她的记忆中，从来没有这样的经历。这让我联想到她之前所说的，爸爸再婚之后，虽然偶尔也会来接她去他的新家里住一两天，但从来没有单独带她出去过，用她的话说就是："让我跟他们一家人一起去逛超市，我就一个人走在后面，看着他们一家人有说有笑地走在前面。我还不如不去。"她的被抛弃感是很明显的，被爸爸抛弃的委屈使她衍生出另外一种愤怒。对爸爸的期待得不到回应，在爸爸的新家庭中不被重视、不被看见，表面的愤怒背后，有深深的委屈和不安。像这样父女一起吃早餐的场景，大约是她从小憧憬了许久的，对她是莫大的安慰。

　　妈妈也在尝试做出调整。理智和隔离，一直是妈妈的防御方式，即使对自己的女儿，她也难敞开心扉。她习惯讲很多道理，告诉女儿这个事情应该怎么做，那个事情应该怎么安排，你看你这个都做不好，你应该这样去做之类的，与孩子的交流始终围绕着如何做好事情，几乎没有情感交流。她不表达她的感受和情绪，当然也很少能够听到孩子内心的想法。她习惯高效率地解决问题，以此来保证家庭的正常运转，但在孩子眼中，就是妈妈总是告诉她你这里做得不对，那里做得不好。过度理智的家庭氛围，难免透着冰冷，孩子所有的情绪也只能藏在心里。

　　妈妈在孩子生病后不断做着调整，去学一些亲子相处课程，看相关的书，我建议她们每周可以找一个固定的时间，安静地坐下来谈谈心。她们真的做了，在一个固定的时间，把这一周里对对方有哪一些不太满意的部分说出来，再商量你该怎么做、我该怎么调整，从而逐步达成共识。孩子从最开始的勉强参与，到每周都期待这个交流时间的到来，她慢慢能够开放地表达，妈妈哪些要求她答应得很勉强、做起来很难受。

当然，母亲也会表达孩子做得不恰当、希望她改善的地方，但会澄清只是想要改善她的习惯，而不是对她有意见。母女关系有了明显的变化，她的抑郁状况在逐步缓解。

这期间有一个非常大的转折事件。事情发生的时候她已经重新回去上学了，处在一个适应调节期，但还不是特别有把握，不时会因为不知道该怎么与别人相处而出现一些情绪波动。妈妈在这期间，突然患了一场大病。某一天孩子醒来的时候，发现妈妈神志不清，一直说胡话，也不认识人。当时她完全吓蒙了，稍微冷静一点后，她硬着头皮联系了医生，接着给舅舅打电话，把妈妈送到了医院。妈妈开始住院，诊断为脑炎，整个人都很迷糊，有时认识她，有时不认识，她很害怕、很担忧，但别无他法，只能硬着头皮坚持。她白天上课，晚上去陪床。妈妈逐渐清醒，但连话都说不清楚，需要长时间康复，前后住了一个多月的院，除了偶尔有亲戚去陪床外，几乎都是她在照顾。她后来说："从来没有看到过妈妈这么无助。这么多年我一直觉得，妈妈毕业学校好，又什么都会做，所有麻烦都能搞定，是无所不能的，是非常强大的，因此我对于妈妈是个可有可无的存在，甚至有时是一个拖累。"这种强大是妈妈一直想给女儿营造的印象，她希望女儿会因此有安全感，认为虽然没有爸爸，妈妈也可以满足她所有的需要。她却从未考虑过女儿正处在青春期，也需要看到自己对妈妈的价值。关系中的需要，都是相互的。

第一次面对那么无助的妈妈，她协调自己的时间去照顾妈妈，去帮助妈妈一点点康复，她在这个过程中慢慢看到了自己的能力。妈妈好转之后，不断表达对她的感激："我当时发病的时候，如果不是你在我的身边，我都不知道我还能不能活下来。"这是她第一次去依赖她的女儿，发自内心地觉得女儿在身边她很安心，女儿看到自己的能力，也安下心来。一段关系的维持，需要彼此依靠、彼此支持，双方对对方都是有价值的。从小婴儿到成长为青少年，孩子也需要在这样的关系中得到价值认定。

这之后,她的状况有了非常明显的好转。她因为休学落下了很多功课,每一次考试还是很紧张,担心自己考不好,但她能够自己调节了。如果分数出来真的不理想,虽会有几天的不开心,但是不会像之前一般,彻底怀疑自己,甚至认为活着没有意义,而是一直坚持努力学习。很明显,她的自我状态更加稳定,自我认同度也有明显提升,对于未来也有了更多的期待和憧憬。

这个孩子是很典型的,因为长期的情绪压抑、学习压力加上家庭关系问题而导致的厌学。

孩子上不了学,家长的第一个想法通常是:"他什么时候才能回去上学?你能不能快点让他回学校去?""课程安排这么紧张,他落下一天课到时候就跟不上,看着他待在家里,我每天都很焦虑,都要崩溃了。"这是一个很有意思的现象。这与心理健康观念的推广有莫大关系。接触厌学的孩子时,我经常发现,在无法上学之前几个月,甚至半年、一年里,很多孩子都主动跟家长说觉得自己情绪状态不对、压力很大等,家长的处理方式通常有两种:安慰开导一番,或者震慑教育一番。"整天胡思乱想什么?自己认真学习。"于是,孩子只能强撑着继续上学。一旦孩子非常抗拒去上学,父母便没了主意,一心要把孩子弄回学校去。满腹焦虑中,父母生出新的幻想:孩子只要回学校了,就万事大吉。这是一个孩子总结给我听的,他的原话是:"我爸妈整天就要我回去上学,说只要我去上学,我要什么都满足我。他们整天幻想着,只要我回学校了,一切就都好了。"

厌学的问题,看起来是厌学却又不只是厌学,厌学只是一个表现,不是真正的原因。回到这个案例当中,在这个女孩的生活当中,妈妈是她唯一的依靠。对她而言如此重要的一个人,对她的认可却非常少。除了学习,妈妈似乎对她全身上下都不满意,从头到脚都挑剔,唯有学习,是被妈妈一直认可的。她像要溺水的人抓住了一块浮木，紧紧抱住学习这个唯一的寄托。心情沉浮是因为学习，在妈妈面前的信心来自学习，在朋友之中的价值感来自学习，一旦这块浮木抓不住了，她拼命挣扎之下，心理防线也就崩溃了。

随着社会竞争压力越来越大，家长们的焦虑也在不断升级，说不在意成绩，更像是自欺欺人。家长们说起担忧来，会像洪水开了闸一般收不住："我也很想不在意成绩，我希望我的小孩健康快乐地成长就好，开心就好。但是他将来考不上重点初中怎么办？考不上重点高中怎么办？考不上重点大学怎么办？现在的竞争压力这么大，他被淘汰了怎么办？……"这些"怎么办"裹挟着家长，也裹挟着孩子们，大家只能拼命往前奔跑，一刻不敢停歇。多少的自我控制、表面掩盖，最后都变成掩耳盗铃，家长连自己也说服不了。不止一个孩子跟我说："我爸妈总是说他们不在意成绩，只要尽力就行。我才不信，我成绩稍微下降一点，他们那脸色……"

很多父母常会随口说："你现在不好好学习，将来就只能去扫大街，就只能去捡垃圾。"转头想想，又补充说："像你这样，连扫大街都没人要你。"势要将孩子的未来描绘得极尽暗淡，把恐吓进行到底。没有家长会认为孩子会把这话当真，他们心里清楚孩子学习成绩不好，不会找不到工作，只是找不到好工作而已，为了激励孩子，只能把后果说得严重一点。结果，到了孩子那里，无一例外都变成：我考不上好的大学我就没有出路了，无路可走。因此，他们开始绝望、放弃、逃避。厌学就是最直接的逃避方式，无法在学业上取得成功，便干脆放弃。

一位家长对我说："在目前的竞争压力下，要求家长完全不在意学习，基本是不可能的。家长为什么有这个压力？首先孩子考完试学校肯定发通知，所有成绩都要排名，假如你孩子的成绩很差，老师肯定个别点出来，提醒家长，甚至在家长群中点名批评。作为家长就有无形的压力，我们其实也希望孩子可以轻松一些，但现实不允许。"为了证明她的努力，她举了个例子："有一次我开家长会，孩子成绩下降幅度很大，我被当成典型批评，我当时恨不得有个地缝钻进去。回来的路上，我一直告诉自己，千万不要发火，不要发火，我真的很努力压着自己的情绪。但是没用，一踏进小区门，我的愤怒就压不住了，一进家门，就劈头盖脸地骂了我女儿一顿。事后我也很后悔，但当时就是忍不住。"我对她说："你一路上所做的就是压抑自己的情绪，你并不是真正能接受孩子考差这件事，你很愤怒，因为你觉得孩子让你丢了脸。"她没有回答，有时候我们也很难分清楚，是因为孩子的成绩而生气，还是因为孩子不优秀让家长丢脸而生气。面对外在压力的时候，能够顶得住，能够相信自己、相信自己的孩子，才是家长能够冷静地面对孩子成绩的必要条件。

另外，我一直呼吁至少让孩子体会一下他在学习成绩以外的价值，拥有学习以外实现自己价值的途径。这并不是说要让孩子报很多课外辅导班、兴趣班，不断跟其他孩子比较谁的特长多，让孩子拥有上重点学校的加分项。价值的体现和实现，是可以通过很小的点来达到的。

有一个妈妈跟我分享过她的故事，让我很受触动。她谈到，她小时候学习成绩很一般，家里经济条件也很一般，每到农忙季节，稍大一点的孩子都要回去帮家里干农活。在广阔的农田里，她终于找到了自己能力的施展之地：割稻谷。至今，她都记得爷爷带着慈祥的笑，夸奖她稻谷割得又快又好，顶得上一个大人，说家里人手不够，还好有她分担。她挺着胸脯听着，那一刻的骄傲和自豪，成为她日后做很多事情鼓励自己的信心来源。如今社会分工越来越细，全职妈妈配上保姆，或者是爷爷奶奶配上外公外婆，连大人都要抢活干，何况小孩子。孩子个个都是"十指不沾阳春水"，家务、煮饭、洗衣都有专人伺候，孩子只要专心学习就好。这是很多家长在童年时向往的生活，他们觉得当初如果自己可以专注学习，考更好的学校，说不定现在就能生活得更好，而这一理想，只能在孩子身上实现。于是，当不遂愿时，他们便理所当然地抱怨起来："你看你现在每天什么都不用干，只用学习，这样你还学不好。我以前要是有你这样的条件……"然而这样的抱怨不能激励好孩子，只会伤害他们。考试成绩并不是一个跟投入的时间成正比的事情，智力、学习方法、心态甚至运气，都很重要。

对于小孩来讲，父母就像是天地一样的存在。能在家中贡献一份力量，能在父母面前体现一点自身的价值，是他们信心的主要来源。就像案例中的女孩能在妈妈生病的时候照顾妈妈；像那个家长告诉我的，能够帮家里割稻谷；像日常生活中，孩子可以帮家人做一顿饭……对于孩子来说，这都是弥足珍贵的经历。

当然，改变不了现实，至少可以改变我们自己，让孩子不畏惧上学，不因为成绩不好而逃避、绝望。

故事十　"笨小孩"之盼

　　假使问一对新婚夫妇，"你们想要一个什么样的孩子？"答案一般会是聪明、漂亮、听话、乖巧、活泼之类。即使原本不那么聪明的父母，大约也不会希望自己的孩子不聪明，更不用说高知父母。孩子不聪明，大约是一件很没面子的事情，至少不是一件值得庆贺的事情。

　　传说曾有人问拿破仑希望要一个什么样的孩子，拿破仑回答希望自己的孩子笨一点，这样他就不会有烦恼，就能天天开心了。这个故事真实与否无法考证，但根据我的临床经验，拿破仑有这样的想法大约是因为他没有真正接触过智力不那么好的孩子。他们的烦恼和情绪，并不比聪明的孩子少，他们也有许多期待和盼望。

　　这个孩子我至今都印象深刻。她是一个上六年级的女孩，胖胖的，白白的，话不多，有点腼腆，经常不好意思地笑。我一度觉得跟她做治疗很困难，不知道该怎么推进，她的表达能力不太好，我经常需要询问多次，才能弄清楚她要说的意思，我也不确定自己到底能帮到她多少。但她很喜欢过来，每次都早早地等着，见到我便很开心地跑过来。于是，我开始认真地了解她。

　　她并不是一直都这么胖，在六年级这一年里，她开始暴饮暴食，经常说没有吃饱，要吃零食，要加餐。家人以为她只是处在发育阶段，胃口好，就由着她。这一年中，她人也变得比较懒，不太喜欢外出，经常无精打采。吃得多，动得少，这期间体重就飞速上涨，一年内足足长了二三十斤，也因此成了她的困扰。

在学校，同学们会嘲笑她的体型，说她"胖妹""怎么长这么胖""你怎么吃这么多饭，像饭桶"。有些调皮的孩子甚至以取笑她为乐，每天给她取不同的绰号，今天叫她"胖妹"，明天叫她"肥婆"，后天叫她"饭桶"……她想反驳，想骂对方，但想不到合适的词语，反而被对方嘲笑"笨，骂人都不会"，只能自己生闷气。慢慢地她开始出现一系列情绪问题，经常自己哭，在家容易发脾气，有的时候甚至不敢出门。她的家人这时才意识到问题有点严重，需要专业人士的介入了。

于是，我们去追溯她的情绪发展过程。她的妈妈发现，她食欲增加、体重增加，其实跟上了六年级需要面对小升初的压力有关。只是，她从来没有直接说过，想到要考初中压力大，她只是说饿，想吃东西，有时候看起来明明已经吃撑了，她还是继续吃，仿佛只要在眼前的食物，就要通通消灭，这样才安心。她的成绩并不好，长得也不算漂亮，在学校里不是那种受欢迎的孩子，甚至有的同学现在还叫不出她的名字。她食欲增加，更像是通过这样的方式去发泄情绪，她说不清这种感觉，只是说："每天都想吃很多东西，吃完之后就舒服一点、开心一点。"她来找我的时候，情况已经很严重了，在家只要不满足她的要求，她就发脾气，就摔东西、大喊大叫，甚至有的时候会打爸爸妈妈。父母一丝一毫都不能批评教育她，不然她会立马失控，摔东西打人，像是一瞬间变成了另外一个人一样。然而，等发泄完，冷静下来之后，她又会非常自责，不过她不会去找父母道歉，也不会认错。她会打自己的头，很用力地打，边打边说："我这么蠢，我怎么这么蠢！"有时还会咬自己的手背，甚至咬出血来，父母怎么劝、怎么哄都没用，她要持续好几分钟才能平静下来，看起来非常吓人。

她的成绩一直不好。小学一、二年级时还可以考七八十分，虽然这个分数在班上的排名已经很靠后了，但至少从分数上看还是过得去的，她自己也能接受。随着年级升高，课程也越来越难，很多课她开始跟不上，听不明白，每天的作业都要做到很晚。一些需要同学配合的任务她也完成不了，同学渐渐就不愿意跟她同组，她慢慢就出现不愿意上学的情况。她的理由很充分："我什么都不会，上学很丢脸。"后来，她发脾气的情况更加泛化了，曾经有一次她在街上接到减肥的传单，给她推销减肥药，她立马大发脾气，又哭又闹，说是全世界都嫌她胖，要她减肥。在学校里遇到不顺心的事，她也发脾气，口里还说着要跳楼、要自杀之类的话，吓得同学和老师都不知所措。她仅能断断续续地去学校，每次去学校都要讨价还价，最多一周去个三四天，也有一周都不去的时候。上课听不明白，她就睡觉、画画或者玩手机，完全当老师是透明人。要知道，以前的她虽然成绩不好，但一直是乖学生，从不捣乱，也不违反纪律，更不会上课睡觉。老师管了几次，一批评完她就大发脾气，之后，便索性不再管，由她去。

这是一个典型的情绪行动化的过程。何为行动化？

这个孩子的情绪有焦虑、自责、愧疚，她的自卑让她的自尊心显得非常强；信心很脆弱，这让她的情绪变得一触即发。但是，她没办法用语言来表达自己的内心感受，她也无法处理。所有的情绪都在内心发酵成为愤怒，通过发脾气、打父母，加上在学校自暴自弃地睡觉、玩手机等行为，来逃避内心的感受。发泄完之后，她又非常愧疚，但她表达不出来，于是就打自己、咬自己。情绪看似不断在发泄，但仍然没有一个合适的出口。这是智力稍低于正常水平的孩子的典型表现，语言表达也是智力的重要体现，他们无法将自己的情绪语言化，以外化的形式表达出来。很多孩子有说不出来的话，可能会选择发短信，或者是写信的方式来跟父母沟通，或者不希望父母知道，可能会用写日记的方式自我消化。不过，这些方式对于智力欠佳的孩子来说都不太适用，他们很难完成这种语言组织过程。

与这样的孩子交流，我们需要很认真地去听他们说的话，很细致地去提问，这样他们才能把内心感受稍稍表达一部分。面对父母，这个孩子原本就有些紧张，生怕自己说错话妈妈会生气，所以更难以表达真实的内心想法。

这就非常容易造成误会。

家里人头痛得要命，满腹抱怨：这小孩为什么这么不懂事，这么不上进？我们花了很多的心思，花了很多的时间去陪她写作业，给她报补习班，她居然还是这么不争气！家人满脸愁容："为什么我这么倒霉？别人家的小孩都那么勤奋，成绩又那么好，又受人喜欢，为什么我的小孩是这样子的？"是啊，这个孩子此时就像扶不起的阿斗那样令人失望，让人喜欢不起来。

父母口中，她就是懒，就是不思进取，自我放弃，那她自己怎么说呢？

她第一次见我时，就说对自己的成绩非常不满意，她希望语文和数学都更好一点。"怎样叫更好一点呢？"我问。"至少要考到九十多分。""那是个很高的分数。""因为我们班很多人都是九十多分。""哦，你想跟他们一样。""嗯。"但其实，她目前的成绩只有差不多及格的水平，很多课程跟不上，要考到九十分几乎是不可能的。且不论这个目标是否实际，至少这反映了她内心的真实想法。很多时候，我们都想当然地认为学习成绩不好的孩子，一定会不想学，会自我放弃，但她不是。

妈妈一直抱怨，每天陪她做作业，差不多每道题都要给她讲解，有的时候一道题要讲十几遍，她才会做，有时甚至一道题讲二三十遍，她依然不会。妈妈很受打击，她觉得孩子一直不能体谅她的辛苦，根本没有认真听。孩子自己跟我说："我觉得我做作业太慢了。""怎么太慢了呢？""我做作业要很久，妈妈要陪着我。""妈妈陪着你不好吗？""好，但是她很辛苦。"说到这句话的时候，我看到她眼中的愧疚，但她无法把这种感觉用语言表达出来。普通的孩子是自己完成作业，或者是碰到不会的题问家长，她可能大部分题都需要妈妈为她讲解，不然她几乎都做不出来。她的妈妈是一所大专院校的老师，也似乎充当着她的老师。妈妈以为孩子心安理得地享受着她的付出，不懂感恩，不会体谅，然而不是，孩子心如明镜，只是感受总也无法说出口。

孩子说："爸爸妈妈会经常吵架，很多时候会提到要离婚。"停了一下，又说："爸爸妈妈吵架都是因为我的成绩，因为我学习不好。"事实上她的父母发生争吵，确实是因为她的学习，但并不是因为她成绩不好，而是针对她的教育方式双方有完全不同的看法，甚至可以说是水火不容，因为她的父母对于她学习的期望是完全不同的。

妈妈作为老师，自然希望孩子的成绩可以更好一点，她做了各种的尝试和努力，满心盼望着孩子的成绩能够提高，能够赶上其他同学。爸爸则比较随性，他很早就发现自己的孩子大概最不擅长的就是学习，他认为孩子做到她能做到的水平就够了，不需要去报那么多补习班，又花钱，她自己学得也很辛苦，效果也不明显。可以想见，父母这样完全不同的视角，必定冲突不断。在妈妈眼中，爸爸就是不负责任，不思进取，不在意女儿的前途，甚至吵起来的时候她就会指责老公"想让女儿跟你一样没用"。爸爸大部分时间都保持沉默，任凭妻子指责，实在忍不下去就反驳妻子，"你总这么强势，为什么非要把女儿逼得这么紧？"接着夺门而出。女儿面对父母这样的攻击和指责，大部分时候是不知所措的。她觉得是自己造成了父母的争执，如果没有自己，父母可能就可以和睦相处了，她的心里很愧疚。

但她又很矛盾，有一次她心事重重地说："如果没有我，爸爸妈妈应该早就分开了。"她说爸爸每次回来都是为了看她，没有她，爸爸妈妈两个人也不会单独出去，她是父母之间的黏合剂。后来，我才知道这个

"黏合剂"不知道的事实：她的爸爸妈妈其实在一年前就已经离婚了。不过，她的父母觉得婚姻破裂了，家庭破碎了，肯定对孩子有不好的影响，他们不知道应该怎么去跟孩子说，担心会对孩子造成心理阴影。于是，这对父母在孩子完全不知情的情况下，商量出一个瞒天过海的策略，在孩子面前假装家庭和睦，夫妻关系尚存。于是，爸爸还是不定期地回家，但跟妈妈分开住，每一次除了谈孩子的教育问题，两人也不会有其他更多的交流。不过，双方并没有因为离婚而冰释前嫌，观念依旧不一致，互相的攻击也没有减少。当然，爸爸回来，就会带她出去玩，或者是加上妈妈一家人一起出去玩，尽量给孩子营造一个爸爸妈妈还在一起、家庭完整的印象。从这个角度讲，她的感觉是完全正确的，如果没有她，爸爸大约不会再回家，父母也会分开。

但是，一年前这个时间点，让我想到了这个孩子暴饮暴食的时间点，两者是刚好吻合的。这个孩子真的对父母的关系一无所知吗？已经分开的夫妻真的能做到像一家人一样真情流露地相处吗？这个"笨小孩"的觉察能力，并不比任何聪明的小孩差，这应该是她的父母都忽略了的一点。她所承受的压力并未说出口，不为人知。

父母的表演怎么可能做得天衣无缝呢？以前爸爸是每周回家，后来可能一个月，甚至几个月都不回家，她打电话过去，爸爸就想办法编各种理由搪塞：出差、工作忙、等她放假再回去……编理由常常编得前言不搭后语，自相矛盾，她再不聪明，也能听出一二。现在不同了，自从在家发脾气、闹情绪，甚至不愿上学之后，妈妈一个人搞不定她，不得不将爸爸叫回来帮忙，爸爸又开始每周都回来，有时隔一天就会来看她，带她去玩。妈妈对她也不敢像以前那么严格了，会尽可能耐心，尽量不对她发脾气，她的生活一下子好像阳光起来了。父母大约不知道，这些方式无意识中助长了她的症状。当然，她并不是心安理得地享受，她也纠结、困扰、愧疚，不过，她也找不到更好的方式来让自己安心，让家庭更和谐。

她说："我爸爸在家的时间其实是很少的，我有话都会跟妈妈说。"不过，妈妈的情绪在她看来是捉摸不定的。有时候，不知道自己做错了什么，妈妈脸色突然就不好看了，她便会很害怕，不知所措，坐立不安。她很想跟妈妈亲近，每一次做完治疗出去，她都要抱妈妈，有时候亲妈妈的脸，跟妈妈说悄悄话，妈妈偶尔表现不自在，她就像犯错误的孩子，站在原地。待她比较信任我之后，她便会说："老师，你能不能把我告诉你的事情跟我妈妈说一下？"这个要求让我很意外，一个青春期的孩子，一般对于自己的隐私都非常看重，会再三确认，整个会谈的经过都是保密的，特别是不会轻易告诉父母。她不一样，她希望家人知道她的想法，希望他们更了解自己。部分原因可能是她的心智发育跟其他孩子相比会相对落后一些，但也从侧面反映出她希望跟妈妈亲近，甚至亲密无间，没有秘密。

她谈到在学校遭受的一些委屈，除了我们前面提到的同学经常嘲笑她胖之外，还有一件事情是她的心结。她说："有一次我在学校的小卖部买东西，我明明给了钱，但是超市的老板没看到，说我没给钱。"想了一下，她继续说："有几个同学跟我一起，但是都没有帮我作证。"我问："那后面怎么解决的呢？"她噘着嘴，有点委屈和气愤，说："还能怎么办，只能多给了一次钱。"她又愤愤地说："我以后再也不去那个老板那里买东西了。"她就真的再也不去那家超市了。她在治疗过程中先后四五次谈到这件事情，每次都要将整个过程完整地讲一遍，每次讲起来都同样气愤。我问她："你跟妈妈讲过这件事吗？"她摇头。我问："什么原因呢？"她说："怕妈妈知道之后说我笨，没用。"

她眼中的妈妈讲题时的情况和妈妈的看法完全不一样。妈妈讲一道题讲十几遍，但是她确实是不明白，听不懂，妈妈就会生气。她说："我真的不明白，不是我不想听，不是我不认真听，我真的很认真地去听，但我还是不懂。"她妈妈怕她跟不上，每天都会额外给她布置一些任务，有时候要做到晚上十一二点，她都会坚持完成再睡觉，妈妈就陪着她，两个人都睡得很晚。她很自责、很愧疚，自己弄得妈妈睡不了觉，惹妈妈生气。她小心翼翼，但还是找不到合适的方式让妈妈不生气，大约这是一件比学习更困难的事。

网上流传过一个段子，叫"不做作业母慈子孝，一做作业鸡飞狗跳"。一道题讲十几遍孩子仍然一头雾水，家长却讲解到怀疑人生，这样的经历很多家长都有。曾经有一个家长跟我说："我有一次辅导孩子做作业，一遍又一遍地跟他讲，讲到后面我自己已经崩溃了，大声吼他，骂他笨。我自觉讲解方式很浅显易懂，很形象，我采取类比的方法，最后我记得我问他'如果是一加一等于几'，都反应不过来了，孩子只是胆战心惊地望着我。后来我自己反思，我觉得这其实是因为他处在一种很强大的压力之下，他很恐惧，又熬了那么久了，他已经完全听不进去了，他已经绷得很紧，没办法思考了。"不过，这是家长后来反思出来的，在当时，她气得要命，觉得孩子根本就没有带脑子，根本就没有听她说。她满腔怒火，步步紧逼。孩子像雨中的小鸟，战战兢兢，哪还有精力去思考？这是一个互相挫败的过程，除了破坏彼此间的关系外，起不到任何作用。

回到之前的案例，孩子不止一次跟我说，她在自己存钱买自己想买的限量版手办，手办很贵，她会慢慢存钱。我问："你哪来的钱呢？"她立刻挺直胸脯，换上少有的自豪表情："我从四年级开始就可以做家务挣零花钱，有时候考试有进步，妈妈也会给我钱。"在此，我们不评价做家务奖励钱是否是恰当的鼓励方式，只是从中可以看到一个孩子靠自己的努力，证明自己的价值后，那种溢于言表的自豪感。

她不太喜欢上学，但喜欢上英语课，为什么？因为只有英语老师对她比较好，会关心她，她成绩进步了会鼓励她。她的英语成绩比较好，其他科只能勉强及格，但这一科能够考八十多分，这是她巨大的安慰来源。

　　妈妈了解了孩子更多的内心想法之后，对孩子的看法终于有了一些改观，她谈到了她的无奈和不甘。她说："我前夫是公务员，我是大学老师，我们双方都是高级知识分子。我跟她爸爸的智力都没有问题，甚至在我们周围的朋友中，都算得上是学霸，我想破头都想不通，我的孩子怎么会不聪明，怎么会成绩这么差。我生她的时候年龄不大，备孕的时候各方面都是按优生优育的标准来的，最佳的生育年龄，最优质的怀孕期间的护理。怀胎十月，我小心翼翼，不敢有半点闪失，不敢乱吃任何东西，保持身体健康，没有生过病。孩子出生时健康强壮，非常可爱。这十几年的时间，我将所有的收入都用在孩子身上，给她报补习班，我和她爸轮流给她辅导功课，但是她的成绩却越来越差。我心里真的过不去，我说服不了自己，我觉得上天太不公平。"我说："你真的很努力。"她带着哭腔说："我不服气，为什么我的小孩比不上别人家的小孩？我也没有比别人差，我的小孩会让我羞于去介绍给别人。我很努力地说服自己，但这就像我心里的一根刺。"我找不到其他的话去安慰她，只能说："是，这对于谁来说都是很难接受的事情。"妈妈强忍住眼泪，不住地叹气。

　　十几年的时间，看着孩子一天天长大，她一直抱着期待，期待孩子会成长、改变，她拒绝接受先天条件的决定性作用。她说："我一直以为自己早就接受了，孩子的成绩真的比不上别人，我以为我接受了。"我问："以为接受？"她仿佛下了很大的决心，才说出后面的话："是的，我一直是假装接受，我只是不表现出来。我不说我很在意我孩子的成绩，别人谈论他们自己小孩成绩的时候我就走开，我不好意思说我小孩的成绩，我就走开，这是我能做到的极限了。"

　　接受一件无法接受的事情，确非易事，不过承认自己不接受，也是面对的开始。

在夹缝中求生存，是对这个孩子状态的真实评价。在以学习成绩为单一评价体系的前提下，她要去找寻属于她自己的位置，多么令人挣扎，多么不易。

随着治疗的进展，妈妈的态度有了很大的调整和改变。孩子的状况也在逐渐好转，她能够坚持上学，发脾气的状况基本消失，表达自己内心感受的能力有了明显进步。妈妈以前很反对孩子画画，觉得浪费时间，荒废学业。现在她发现孩子画画很有天赋，虽然这种天赋还达不到成为画家的程度，但至少能让孩子有一个能与同龄人一样获得认可的机会。妈妈便把更多的精力，放在培养她画画上，陪她参加绘画培训班。这个孩子很有意思，自此之后，她每一次过来都会带她画好的画给我看，跟我介绍她最近学了什么，一双大眼睛盯着我，问："老师，你觉得我画得好不好？"我会认真地看她的画，给予她最真诚的认可。妈妈脸上的愁容明显少了，看她的眼神多了认可和欣赏。

她一直在进步，不再害怕上学，考试前会稍微有一点紧张，但都能认真完成试卷。同学嘲笑她胖，她就用妈妈教的方法，嘲笑回去。她会带自己的画去跟同学分享，带一些零食去跟同学一起吃，同学跟她的关系也逐渐亲近了些，至少在班级中能有人看到她，让她有了一定的存在感，她很欣喜有这样的变化。她喜欢跟我讲，班上谁谁虽然成绩好，但也会撒谎，也会跟同学有矛盾，说的时候眼睛里都是得意。我微笑着听她说，知道这是她的小心思，但她需要这样的小心思。

笨小孩，在生活当中最常经历的是忽略、指责、委屈，他们的自我认同感很弱，坚信自己怎么也比不上别人，是一无是处的。当然，也很少有人会真正去倾听他们内心的想法。快节奏的社会现实中，总是锦上添花易，雪中送炭难。他们有可能被安排在教室后排，也可能是一个偏僻角落的位置，只要不打扰老师上课，睡觉都行。考试的时候，老师会想尽办法让这样的孩子的成绩不计入班级平均分，让他们不会拖班级后腿。

他们的朋友很少，因为家长会教育自己的孩子"不要跟成绩不好的同学玩，会被带坏的"。老师和同学，甚至叫不出这样的孩子的名字。我曾问过这样的孩子，他们说："班上一半的同学，都从来没跟我说过话。"他们不属于特别调皮，让老师头痛，能当着全班同学开玩笑的孩子，默默无闻是他们的代名词，被忽略往往是其宿命。

然而，他们也有需求，他们也渴望被人看见，期待被认可。

家长看得到他们真实的样子吗？还是更多地希望他们变成自己期望中的样子？能接受自己的孩子可能先天能力比其他孩子弱吗？还是想用尽全力将他们拔成跟别人家优秀的孩子一样？家长无法接受现实：我们夫妻不比别人笨，我们花尽全部心思养育的孩子，为什么他就是比别人差？否认与怨天尤人，是父母面对这样的孩子的必经阶段，只是有些父母能够在短时间内调整自己，而有些，就如我们故事中的母亲，十几年过去了，仍然在否认中，希望与现实对抗，扭转乾坤。也有家长担忧，我接受了我的孩子比不上其他人，不就等于放任他不管，他不就一辈子都比不上别人了吗？接受就等于放弃，这是家长们心中最无法放下的焦虑。殊不知，接受才是改变的开始，孩子感受到了来自父母的接纳，才有动力改变。一味地否定、不接纳，才会真正造成孩子的自我否定，由此，破罐子破摔，最终自我放弃。

苏联著名心理学家维果茨基提出，每个孩子都有属于自己的最近发展区，即学生的发展有两种水平：一种是学生的现有水平，指独立活动时所能达到的解决问题的水平；另一种是学生可能的发展水平，也就是通过教学所能获得的水平。两者之间的差异就是最近发展区。换句话说，每个孩子能够到达的发展最大化的水平是完全不同的，就如每个老师教出来的学生的成绩总是参差不齐一样。这种先天差异，并非完全靠教育就能够弥补的。孩子的发展规律，并非人力能够完全扭转。

在以成绩评价孩子全部价值的观念指导下，家长易以单一标准去看待自己的小孩。要看到笨小孩身上的优点，更是不易。像故事中的孩子除了画画好，与人相处也很为别人着想。她知道妈妈有心脏病，便尽可能把事情做好，尽量不让妈妈生气；英语老师对她比较好，她也感恩，努力学习英语。她坚信学知识是有用的，喜欢去学校，只要有人有困难，她都积极地帮忙。有个三年级的小男孩曾经跟我说："我一年级的时候成绩很好，每一科都能考到差不多一百分，而且我又会踢足球，是学校足球队的。"说着，他仰起头，神气地说："我以前是很优秀的。"听一个十来岁的孩子说这样的话，我忍不住笑起来，问他："那现在呢？"他马上低下了头，心情低落，说："现在大家都嫌弃我了，我成绩从二年级开始就不好了。课程越来越难，我跟不上。爸爸天天骂我，老师也批评我。"我说："你不是还踢足球吗？而且听你说你跟班上同学的关系都很好。"他抬头看了我一眼，悻悻地说："这些又没用。"按他说的，他从以前老师、同学、家长眼中"别人家的孩子"，渐渐变成了所有人都嫌弃、天天挨批评的坏孩子，因此满腹委屈。

"笨小孩"的被抛弃感会更强。"我这么不争气、这么不好，我的爸妈会真真正正、完完全全地接纳我吗？""会不会觉得我不争气、不优秀，哪一天就不要我了呢？""会不会再生一个更优秀的弟弟、妹妹呢？"他们心里没底，满心的问号，而他们当然不可能直接问，大多是不断用各种方式试探，又或者干脆自暴自弃，破罐子破摔。父母当然不可能真的抛弃自己的孩子，只是时时被嫌弃的孩子，总难以相信有人会真正喜欢自己。

我曾问过一些家长："如果你的孩子比不上别人，是不是代表你也比不上别的爸爸妈妈？孩子失败证明你自己失败？"起初大家都否认，说没有这么想，只是担心孩子未来的前途，希望他们能够做得更好。等讨论开了，放下防御，大家便七嘴八舌地说起来："总希望孩子能比自己强，嘴上说不跟别人比，其实内心里在较量。""自己不比别人差，凭什么自己的孩子却比不上别人？""孩子就是家长的面子，孩子不好，我们也丢脸。"在我们的观念里，孩子和父母是一体的，一荣俱荣、一损俱损，难分难舍，却不知，许多名人，其后代也很普通，并无大成就。父母要接纳孩子，首先需要接纳自己，发自内心地肯定自身的价值，而不是将价值建立在孩子的身上。这对自己和孩子，都是解脱。

故事十一　情绪总是失控，为哪般？

对于青春期的孩子和他们的家长而言，情绪、负面情绪、失控的情绪，是逐层递进的可怕之物。家长无法理解孩子的喜怒无常，"怎么昨天还好好的，今天又不高兴了？""莫名其妙就发脾气，也没人得罪他。"孩子反感家长对其内心感受的不理解，"总是让我想开点，别自寻烦恼，我要是做得到还会这么难受吗？""还说现在吃穿不愁，还有书读，他们那个年代要是有这些，做梦都笑醒了，哪还会不开心？总之我们有代沟。"

情绪像个神秘的幽灵，会让孩子失去理智，让家长摸不着头脑。情绪是真的无迹可寻吗？那些情绪的突然爆发真的是一瞬间的发泄吗？这些问题可以在这个故事中找到一些答案。

这个小孩是因为一个很特别的原因过来的，他是主动求助，而且目的很明确："我想弄清楚，为何我总是会莫名其妙地发脾气，我自己并不想发脾气，我不知道我为什么会有那么多愤怒，我的愤怒到底是来自哪里呢？"他已经上高三，正准备参加高考。他给家人和同学的印象一直是内向而温和，乐于助人，懂事听话，是典型的乖孩子。他刚上高三不久，就跟妈妈说过自己心情不好，提到自己跟一个女孩子表白，这个女孩的态度很暧昧，没有拒绝，也没有答应，但是在这之后就不理他了，开始疏远他。他不断纠结这件事情，心里很烦躁。这是他第一次向父母求助，此时他尚能坚持去上课，学习成绩也很好，家里人简单安慰之后，觉得问题应该不大，便没有放在心上，他也照旧上学听课，事情看似顺利过去了。

一段时间之后，他又找爸爸聊天，说他心里很难受，反复说自己心里很难受，但他无法用语言来形容这种难受，说着说着就开始掉眼泪，很伤心。他爸爸面对这种情况，反复询问也弄不清楚怎么回事，不知道他到底为什么伤心，加之他是高三住校生，在家时间不多，他爸爸也只能做一些表面的安慰工作，送他回学校后就没有再管。第二周再回来的时候，他看起来已比较正常了，做事情也很积极，家人松了口气，生活照旧继续。后来就到了高三成人礼，他的家人一起参加他的成人礼，他当时表现得非常兴奋，不断找同学拍照，笑得很开心。他有一个姐姐跟他同校同级，他的成人礼，也是姐姐的成人礼，父母因此需要抽空去看他的姐姐。这个孩子突然表现得非常激动，追出来对爸爸说："你们不理我了。"接着就哭着跑回了自己的教室。爸爸不管怎么跟他解释他都不理睬，一直生闷气。之后他因为找不到自己的书包就非常暴躁，把自己的领带扯下来，甚至跑到楼下学校的公告栏前把学校的公告都撕下来，把旁边所有的装饰气球都给扯下来，放在地上踩。发完脾气之后他就开始哭，后来家里人把他带回家，劝解了一番，他才平静下来，好像又跟平常差不多了，家里人觉得这只是一时的发泄，可能发泄完就没事了，所以再次没当回事，只是觉得他好像话说得比以前少一点了，笑容也比以前少一点了，但其他都还算正常。这距他第一次出现情绪问题已经有大概三个月时间了，反复出现的情绪状况，让他自己很困惑，他仍坚持正常学习、复习，但学习效率明显下降。

后来有一个比较大的应激事件，就是他的学习成绩直线下降。学习成绩一直都非常优秀的他，从年级前几名下降到了大概年级三十多名，对此家里人会稍微开导他一下，他大部分时间表现也都很正常，有时候还会跟父母有说有笑的，大家都不提学习成绩下降的事情，只是鼓励他调整状态，继续努力。几天后，他在上课时间，突然跑到之前表白的女生的班级门口，大声尖叫，之后就晕倒在地。

父母这才想起来，他曾经给家里写了一封信，他觉得压力很大，爸爸妈妈总是说让他考清华北大，因为他从小到大成绩都非常好，基本上高中之前成绩都是班级第一名。他们家有几个孩子，父母对他的期望最高，因为他的成绩最好，就说要他考清华北大，他也从来不反驳，很听话地非常努力学习。他跟父母讲，他觉得自己有很多悲伤，有时候又觉得有很多的恨，他也不知道该怎么去处理这些情绪。他在信里写他觉得妈妈很可恨，他说已经很久没有感觉到爱了，不管是在家里还是在学校，都没有人关心他，也没有人在乎他，无论他做什么都是错的。家人很震惊，但不知道怎么去跟孩子谈这些事情，也就不了了之了。他找到我，反复强调因为他现在高三，最需要的事情就是尽快地出院，他很担心自己今年的高考。但另一方面，谈到过往的经历，他倾诉欲非常强，随便提一个问题，他都着急地讲述，焦虑地表达内心感受，表达他的困惑，他非常急切地想尽快好起来，他不打算给自己更多的时间恢复。

他说到他们家里有四姐弟，他是最小的，他有一个哥哥两个姐姐，两个姐姐在中间，哥哥是最大的。爸爸妈妈一直都比较宠他，对他的哥哥姐姐要求比较严格，两个姐姐敢怒不敢言，而哥哥心里不忿，不敢去对抗父母，去反驳他们的做法，就联合他的两个姐姐，让他们都不要跟他接触。两个姐姐都不跟他玩，哥哥在家里背着父母时非常蛮横霸道，有时甚至会动手打他，他很怕哥哥。

他在高中时遇到这个喜欢的女孩子，他对这个女孩子抱有很多期望，他对对方有很强的依赖感，很想找对方聊天，去倾诉，觉得跟对方在一起很舒服。这对他来说是很珍贵的体验，因为他在家里一直处于非常孤立的境况，但是后来大家分班了，他感到双方的关系就有一些疏远，他心里很不安。他在成人礼上情绪爆发，其实是跟这个事情有关系的，在成人礼之前这个女生承诺跟他一起拍照，结果爽约了。加之，他成绩下降，心里很难受，所以他很想去找这个女孩子，稍微地做一些倾诉。他去找了这个女生，但女生跟他说："你不要太靠近我，你要隔远一点跟我说话。"他瞬间僵在原地，什么都说不出来，待了一会，自己悻悻地走开了。

他跟我说："我不怪她，毕竟大家高三都忙，对方没有义务听我说那些烦心事，再说大家分了班，关系也没有以前那么亲近。"令他困惑的是，他经常会做梦，有时甚至会梦到想掐死对方。他经常被这样的噩梦吓醒。包括小时候被哥哥孤立的事情，他到现在见到哥哥都还会有些害怕，但他说他心里是不怪他哥哥的，他觉得是因为爸爸妈妈偏袒他，哥哥心里不舒服，才孤立他那么久，他觉得自己可以理解。他超乎想象的善解人意。

一个小时的治疗时间，他几乎没有休息过，不停地讲，生怕时间不够，最后恋恋不舍地结束了治疗。

一周之后，第二次心理治疗，他就来了一个一百八十度的大转弯，表现得非常开心，脸上带着笑容，说自己感觉好了很多，他说他之前的困惑已经完全解决了，所有问题都想通了，整个人都轻松了。接下来的打算也很清楚，对于自己在高三这个节骨眼出现情绪问题，也想得很开：如果学习跟不上，那就休学，如果能考上大学那就去上。他觉得学习压力自己应该可以应对，能不能考得好、考试结果如何，他都不在意，觉得自己现在豁达了很多。包括那个女孩子的事情，他觉得已经无所谓了。他讲得头头是道，事情出现了非常戏剧化的转变，他仿佛顿悟了一般。他觉得自己都好了，因此想暂停心理治疗。我们只能尊重他的选择。

他没有再来找我。之后，他考上了很好的大学，离家去外省，但就在参加军训的过程中出现了一些状况。他跟他们教官发生了非常大的冲突，因为军训带领他的教官批评了他，比如说他动作不标准或者说他不听指挥之类，他整个情绪突然崩溃了，直接在操场上大哭。后来老师就带他回宿舍让他休息一下，在这个过程当中，老师再次劝导了他一下，他觉得老师也对他有意见，便哭得更厉害了，无法抑制地哭，整整哭了一个多小时，有些歇斯底里。学校因此建议他休学。他反复跟我澄清："我真的不想哭成那样子，我拼命让自己停下来，告诉自己不行，不能这样子，但是我停不下来。我不知道自己怎么了，我有时觉得自己挺恐怖的。"这一次他终于愿意系统地来探讨自己的状况，尝试更深入地了解自己。

　　他再次谈到了他的哥哥对他的影响，不再一笔带过，会谈到更多细节。但他仍强调自己不怪哥哥，觉得是父母的不公平导致哥哥孤立他，甚至会打他，哥哥也很可怜，自己可以理解他。他对哥哥仍有恐惧，在家里都必须小心翼翼的，什么东西都不敢随便乱碰，生怕哥哥会打他、骂他，他就这样艰难地生活下来。姐姐跟他其实也不亲近，在这个多子女家庭中，他经常会觉得孤独。父母工作忙，总是为钱奔波，也经常为钱吵架，他至今不知道父母以何为经济来源，家里的气氛神秘而紧张。家人之间甚少交流。

　　他是典型的"别人家的孩子"，小学、初中成绩一直都稳居第一，远超第二名几十分，走到哪里都是众人注目的焦点。这种状况到上高中时发生了转变。上高中之后成绩提高很难，别人学得很轻松，他学得很吃力，但他没有放弃，更加努力，最终挤进班级前十名。但这已是他最好的状态，他不再是全班的焦点，很多时候他觉得很难融入班级中。用他的话来表达是这样的："以前只要成绩好，班上就有很多同学愿意主动来找我，我走到哪里都是别人关注的焦点。我高中之前的时光都过得很开心，每天也过得很快。"但高中就不一样了，即使努力提高了成绩，预期中的转变也没有出现。没有人注意到他，一切都变得不一样了。他觉得自己在班级里就像是透明的一样。从焦点到透明，他内心的委屈可想而知。表白被拒这一导火线，让落差和被人否定、被人忽略的压抑达到顶点。

　　在他最终爆发的前一两天，父母发生了激烈的争吵，妈妈怀疑爸爸有外遇，最后爸爸把妈妈关在房间里，他跟姐姐都听到爸爸打了妈妈，这是他第一次面对爸爸对妈妈动手。他当时非常震惊，之后爸爸摔门离开。跟往常一样，他和他姐姐留下来安慰妈妈，妈妈不断控诉，并且让他们评评理，到底是谁的错。他自己本来就内忧外患，因此并不想管父母的事情，更不想去评什么理。他激动地对我说："你要我怎么评理，我能说谁对谁错吗？有时候我想把他们都骂一顿。"但他并没有这样做，他很冷静地去听妈妈讲，去帮妈妈分析这个事情上的对错，帮着妈妈一起骂爸爸，而后安慰妈妈："你不要管他，爸的性格就这样，我们也看他不爽。"他显然是安慰人的高手，显然也不是第一次做这种工作，妈妈也在他和姐姐的安慰下逐渐平复下来。他认为这是他应该做的，父母有冲突，他就应该去劝解，毕竟大家是一家人，自己不可能看着他们吵到离婚。因此，他就扛起了这个担子，尽管原本肩上的担了已经让他不堪重负，但他浑然不觉。

　　他提到了至今记忆犹新的一件小事。他五六岁的时候，去亲戚的店里玩，看到店里的一个玩具很想要，但没有开口要，也没有去找他爸爸妈妈要钱买，只是呆呆地盯着柜台看了很久。亲戚看他确实很喜欢，加上玩具也不贵，就把玩具拿出来，送给了他。他当时别提有多高兴了，连蹦带跳地跑回家，一路哼着歌。结果爸妈把他责骂了一顿，批评他不应该要这个玩具，反复说他太任性，太不懂事，并且最终让他把玩具还了回去。他至今记得自己把玩具递给亲戚时的尴尬和自责，觉得自己犯了天大的错误。这之后，他就没有再跟父母提过任何的要求，因为自己所有的要求都会被否定，这是他的固有印象。他从小到大穿的都是哥哥姐姐的旧衣服、旧鞋子，他欣然接受，从不提要买新衣服，在同龄人眼中有些另类。之前有一次打暑假工，他把挣的钱全部上交给母亲，没有给自己留一分钱。青春期孩子常见的特点，他似乎都没有，他像一个小大人。但他并非没有欲望、没有期待的。其实他一直以来都很想养狗，手机里保存了很多宠物狗的图片，但他妈妈不喜欢狗，他便将这种欲望压在心里，从未跟父母吐露过。他对自身需要的压抑，对家人的察言观色，已经成为一种习惯。

他喜欢打抱不平，特别乐于劝架，班上有同学被欺负，他觉得不能坐视不管，一定会想办法去劝解，试图让霸道的一方改过自新。但大多数时候对方是不领情的，觉得他多管闲事，太把自己当回事，对此他很受打击。我的第一反应是，这就跟他去协调父母的关系一样，充满了无力和委屈。治疗后期，他终于能够比较坦然地谈到，对于当时拒绝自己的女孩子，他是有很多不满的。女生对他的态度一直很暧昧，也不拒绝，也不接受，理所当然地接受自己对她的好，也不表达心里的想法，弄得自己进退不是。他说："我觉得自己被耍得团团转，她对我招之即来，心里面一直窝着一股火。"但他又不断去说服自己，这是别人的自由，人家没有义务给你一个交代，都是你自愿的。头脑中像有两个人在打架，他在两种状态中不断摇摆，虚耗心力。他说："我回想起来，觉得我内心的委屈一直都存在，很多时候觉得自己的付出没有得到回报，自己对于家庭关系也无能为力，爸爸就是那么大男子主义，自己也改变不了。"他有点泄气："我努力去做很多工作，但好像没有任何意义，也没有人看到我的付出。"

他做的所有的这一切，在家庭当中协调父母的关系，在学校里很努力地去帮助同学，努力学习，保持好的成绩，都没有人在意。同学经常讨论的话题都是谁长得帅，谁家里有钱，没有人关注他；家人也只会说他哪里做得不好，从来不会夸奖他。他说："我可能有点懂了，为什么我的情绪完全不可控地爆发出来，我内心确实有很多压抑的情绪，有时忍不住哭，有时又会大怒，可能是压抑太久的原因。"在我看来，他一直在做一个乖小孩，乖小孩其实就是压抑本能而形成的畸形成长体，没有欲望，没有情绪，只做对的事。他一直在做一个大家心目当中宽容、付出不计回报、懂事的孩子，不能表达情绪，不能表达不满，久而久之，他甚至以为自己真的能如圣人般去原谅、接纳。他觉得这样才是对的，且从未怀疑，虽然痛苦，但也要努力让自己去做对的事情。情绪被理智和道德压制住，一旦有机会爆发，便会井喷，让自己束手无策。

很多时候我们不明原因的情绪，无论是愤怒还是悲伤，抑或只是莫名的压抑，长时间的毫无动力，大多都是一种长期压抑，甚至是一种习惯性压抑的结果。以这个案例来说，他的每一次爆发，看似激烈，但恢复都出奇地快，第二天就像什么事情都没有发生过一样，就如雷阵雨过后，立马阳光灿烂。但情绪不是天气，情绪的积累有一个过程，情绪的处理、消散，也有一个过程，需要一定的时间，我们应该允许这样的时间存在。

很多家长看到孩子不开心就很难受，第一反应就是想去做点什么，去帮他解决问题。比如，孩子在学校不开心，那是不是在家休息几天就能开心起来；孩子学钢琴学得很痛苦，那就不学了；孩子跟同学发生矛盾不开心，家长就去帮他做同学的工作，让同学给他道歉……更多的家长是用另一种处理方式：讲道理。"不要想那么多""坚强一点""不要在意别人的看法""不要总是板着脸，别人看了会不舒服的"，我问很多家长，他们都说，其实对孩子期望不高，只要自己的孩子健康快乐就好。我就问他们："你的小孩不开心，那你能接受吗？"他说："能接受，我当然知道，他肯定有不开心的时候。"我便接着问他："你能接受孩子不开心多久？"有人说一天，有人说三天，我说："如果是一个星期或者是再久一点，比如持续一个月他的状况都不那么好呢？能接受吗？"大家都说："接受不了，我肯定会想着我要去做点什么，让他赶紧开心起来。"这就是一种期待。因为我接触到很多小孩，他们的爸爸妈妈在他们不开心的时候就会说："你摆脸色给谁看？我们又没有得罪你，你干吗摆着一张不开心的脸？丧气！"于是，不开心变成了一种错，既然是错，就应该改，就应该努力让自己快点开心起来。很多时候，这就变成了另一种压力，逼孩子自己赶紧好起来的压力，这会让孩子因为自己状态不好影响到家人而产生深深的愧疚。

我们对负面情绪的接纳度和承受度都是很弱的。我们有很多语言来表达对负面情绪的鄙视，"男儿有泪不轻弹""矫情""哭有什么用？哭能解决问题吗？"所有言语中，都透露着对哭的轻视和不解，哭不被允许，只有笑才能讨人喜欢。祝福话语中，更能集中地体现我们的期待，"天天开心""心想事成""一切顺利"……甚至有时候我们会模糊祝福与期待间的差别，期待孩子成长过程中永远不会遇到烦心事，不会遇到挫折，万一遇到也能沉着冷静地应对，不会哭，不能慌。

于是，家长教育孩子时会说：要经常笑，你总是板着脸，别人会不喜欢你。在我们的认知中，别人只会因为你心情不好而讨厌你、疏远你，而不是关心你、安慰你。因此，当负面情绪出现时，我们的第一反应是压抑回去，接着就不断做自己的思想工作，调整出一张笑脸来。我在临床中碰到很多来访者说："我每天都要戴着一个微笑的面具，因为我家里人不喜欢看到我不开心。我也担心同学因为看到我不开心而不愿跟我玩。"这些十来岁的孩子，已经学会必须戴着面具生活，必须学会伪装情绪。在临床中，我见到无数"微笑型抑郁"患者，身边所有人都不相信他们会得抑郁症，因为这些孩子似乎跟所有人关系都很好，活泼开朗，是大家的开心果，总是在笑……这样的人怎么可能抑郁呢？于是同学会跟他们说："如果你有抑郁症，那我们全班都有抑郁症了。"家人会反复表达难以置信："她那么开朗，怎么会抑郁呢？"有个孩子因此无比悲哀地跟我说："我自己得了抑郁症，已经很痛苦了，但我还要跟周围的人证明，我是真的生病了，不是装的，这真的是讽刺。"没有人能永远开心，能永远积极乐观。在该哀伤时哀伤，该痛哭时痛哭，才是对人性的尊重。

对于情绪的处理，第一步，也是最重要的一步是接纳。

我们要允许自己也要允许自己的孩子有一个处理情绪的时间。特别是青春期的孩子，因为身体处于发育期，激素水平不稳定，更是处于多愁善感、狂风暴雨的阶段，情绪激烈而多变。这时候要求孩子像成人一般情绪稳定，又或者像小孩一样无忧无虑，皆不现实。喜、怒、哀、惧四种基本情绪会衍生出数十种更复杂、更细微的情绪，每种情绪都有意义，都能帮助人类表达情感，某些所谓的负面情绪，例如焦虑、恐惧，是人类进化过程中有保护意义的情绪，并非洪水猛兽。

另外一点，我们也需要明确情绪没有好坏之分，也没有对错之别，但情绪的表达方式却有是否合理的区别，要以不伤害其他人为底线。比如说生气的时候，砸东西、打人，这是不允许的，这不是宣泄情绪，是对他人造成严重影响的行为。但是如果刚刚被人踩了一脚，对方还不道歉，这时候很生气，面带怒容，这是很正常的。失意了，很伤心，想找朋友倾诉和陪伴，这也是正常的，这时他或许并不需要朋友告诉他："你要想开一点，你要赶紧开心起来，赶紧振作起来。"但这恰恰是我们最常采用的方式，我们安慰人都会带着明确的目的——希望对方尽快开心起来。

心理学上会鼓励情绪体验者跟自己的情绪待一会儿，去体察自己的情绪，分析原因，也会鼓励宣泄。作为支持的一方，陪伴和理解反而是最好的，就如感冒，吃药并不会让感冒马上好起来，但确实可以减轻症状，让身体舒服一些。换句话讲，如果你一安慰，对方马上就好起来，那可能他的情绪只是暂时被压抑了下去，对方也可能误以为完全调整了过来。如果在短时间内，不断地经历挫折跟打击，压抑能力超负荷运转，就容易出现漏洞，情绪就会借机突然集中爆发。这样便可能会出现完全失控的状态。因此，情绪没有好坏，但情绪的表达方式有对错。家长真正应该做的，是帮助孩子找到合适的方式表达自身情绪。

生气，不仅仅是因为愤怒。

我们普遍认为愤怒是因为生气，或者生气是因为愤怒，总之以为这两者是直接联系的。在这个案例中，我们看到孩子最后表达出来的是愤怒，深究起来，却发现背后有许多的委屈，以及情绪不能表达的压抑，最后爆发出来便全是愤怒。恼羞便成怒，满肚子委屈，张口说出来都是骂对方的话，不善表达内心感受的孩子，更难以说出情绪背后的细微差别。愤怒是最容易被识别出来，也是最容易表达的情绪，比如说不理对方，比如说把人骂一顿，摔一阵东西，看似发泄得淋漓尽致，却并不能把情绪真正地表达清楚，对方也只是被吓到而已，并不是真正能够理解。愤怒最易表达，也最易产生误会，破坏关系。

在孩子成长的过程中，我们会花很多的时间去帮助孩子表达内心的情绪，通过问问题，通过告诉他们其他人面对类似问题时的反应，让他们一点点地识别内心感受，并用合适的语言表达出来。孩子们总有一个误会，以为别人知道我生气了，就一定知道我为什么生气，进而也知道我是觉得受委屈，觉得不被尊重，觉得不被重视，会想当然地觉得他人是自己肚子里的蛔虫。这与我们较少表达内心感受的习性息息相关，大家靠"猜"维持关系，不习惯讲出内心的细微情感。帮孩子们重新建立表达内心的能力，对于帮助他们学会处理自身情绪，至关重要。

"内在小孩"需时时关注。

"内在小孩"其实是隐喻的提法，可以算是情绪的具象化表达。因为小孩的情绪表达是最直接、最简单的，高兴就笑，不高兴就哭，饿了也哭，生气了就噘嘴不理人……总之，我们既能宽容这样的表达，又能非常准确地知道其中的含义。随着年龄的增长，社会规则和价值观对我们的影响也越来越大，"内在小孩"就被深深地压抑到潜意识中，以防它在不恰当的时候出来捣乱。久而久之，我们就忘记了这个"小孩"的存在，以为大人是没有情绪的，只需要日复一日完成该做的工作任务。为顺应社会现实的要求，我们不得不去跟很多不喜欢的人打交道，说很多违心的话，做违心的事，展露很多表面的笑容，这其实是戴着一个"好孩子"的面具在生活，只问对错，不讲求个人意愿，"内在小孩"在这样的时候是被完全忽略的。

不过，这个"内在小孩"可不是那么好忽悠的。你可能很少去关注它的需要，大部分时间是让它在暗无天日的角落里生活，总是要求它"安静""别乱讲话""听话"，有不爽的时候也总是让它忍着，相当于让它一直委屈地生活着。俗话说"物不平则鸣"，长时间打压、控制，这个"小孩"总有一天会起来反抗，而这样的反抗，很多时候会让人措手不及，应对不得。

有时间，需要时时关注"内心小孩"，询问它的需要，带它到阳光下晒晒太阳，它不开心的时候，适时安抚，这样，它会生活得畅快很多。不然，总是压抑它，把它往下按、往下压，总有一天它会跳出来捣乱的。就如案例中的孩子，他说去打暑假工，挣了钱就全部交给父母，自己一点也不花，因为没有花钱的地方。不喜欢买衣服，喜欢穿旧衣服，也不在意外表，随便穿就行。一个青春期的孩子，全无"虚荣"并不一定是好事。于是，我便跟他说："如果挣了钱，你可以交给你的父母，但是你也要稍微留一点给自己，比如说留一百块钱给自己也好，买自己想买的东西。犒劳一下自己。"他当时有些感动地望着我，大约很少有人鼓励他偶尔也要为自己花一点钱吧。这便是他可以用来照顾自己的"内心小孩"的方式之一。

作为父母，你会处理自己的情绪吗？

看似简单的问题，却难倒很多家长。我在临床中发现，很多父母连情绪有哪些种类都不清楚，父母面对孩子不如自己预期的表现，面对自己与伴侣的争吵，面对自己内心的委屈时，我问他们是什么感受，他们却只能说出生气二字，更深层的焦虑、担心、委屈、伤心，通通不见踪影，这也直接导致家长们在面对孩子的情绪时不知所措，只想快速将孩子从情绪中拉出来。更有甚者，很多爸爸，时刻保持着高度理智和冷静，看不出喜怒哀乐，他们用极高的技巧将情绪全部压抑，用"讲道理"来应对一切问题。爸爸妈妈认为就是要压抑自己的情绪，都觉得这是理所应当的，和为贵，想开点，退一步，是应对情绪的所有方式。家庭教育在无意识当中传递给小孩这样的观念，渐渐地，孩子也会习惯去压抑自己的情绪，只展现好的一面给别人看。另外，因为对内心感受的关注，他们又会有委屈和冲突，想表达又勉强自己不能表达。两者抗衡，是一种更深层次的心理消耗。

父母都喜欢孩子天天开心，不哭不闹就是最好，加上现代社会工作、生活压力大，孩子一不高兴，脸色一愁苦，到家原本想放松的父母，看着就心里堵得慌，那句"我都这么辛苦了，你摆脸色给谁看"便很容易脱口而出。这是一句非常有杀伤力的话，是无形的剑，直刺孩子内心，让孩子产生内疚感，传递"负面情绪是不好的，会招人讨厌"的观念。要开开心心才有人喜欢，没办法时时开心，那就装得时时开心好了。压抑便这样自然而然形成。有个家长曾跟我说："我的孩子在每次我跟他发生冲突之后，就会来哄我，逗我笑。我以前不明白，还觉得他太没心没肺了，刚吵完就忘了，现在想来，他是在压着自己的情绪，来处理我的情绪。"家长不会处理自己的情绪，孩子在家庭中是弱者，又是父母最忠诚的守护者，因此很容易成为天然的发泄对象。另外，父母没有成熟的应对自身情绪的能力，就需要孩子在情绪处理这方面来扮演"大人"，哄父母开心，但对于十几岁的孩子来说，这是超出能力的沉重任务。

这也是我一直想向家长传递的概念：爱孩子先爱自己，要处理孩子的事情，先处理自己事情。先后次序错了，便是本末倒置，无法真正解决问题。

故事十二　你要上厕所吗？

"你要上厕所吗？"有人问你这个问题的时候你会尴尬吗？还是会很自然地回答"好啊，我们一起去吧"，或者会生气地说"我要上厕所我自己知道"。

"你要上厕所吗"究竟是一个涉及隐私的问题，还是像"你吃饭了吗"这样的问候语呢？

手拉手上厕所究竟是最令人向往的亲密关系，还是为了维持好的人际关系而做的妥协呢？

上厕所，是一个非常有意思的折射点，也让我在临床中见证了不同的家长对于孩子日常生活的关注，而"上厕所"，恰恰是这种关注最集中、最关键的体现。

这个女孩子曾在刚上初一时因为适应困难，休学一年，降级复读后到了新的班级，在班上交到了新朋友，基本完成了初中学业。然而，她中考发挥失常，没能考上理想的高中。她在所在的高中勉强上了几个月，依然觉得在班上与其他同学格格不入，也没有朋友，整天郁郁寡欢，勉强坚持学习。高中学业更加紧张，学习难度增加，原本初中成绩名列前茅的她，在高中班级里完全没有了存在感。就读期间，奶奶生病去世，家人怕耽误她学习没有告诉她，等她知道时已是一周之后，而奶奶从小带着她，两人关系非常好，她与父母大吵一架，将自己关在房间里，持续了一周，每天哭泣。后来勉强回学校上学，一两周后便无法坚持，家人没办法，将其转去职高。在职高读了一年，状况基本顺利，在职高二年级的上学期却再次遇到了困难。

这一次，她觉得自己真的有必要做一些调整，于是主动前来寻求帮助。

她留着很长的头发，披散着，遮着一半的脸，说话不好意思的时候，就低头，于是我就只能看到她的头发。这个女孩子其实很漂亮，但似乎总在躲闪着什么。

她自愿回来，而且有明确的目标，认为自己无法处理好人际关系，而且很不自信，遇到事情很容易逃避，她希望改善这样的情况。确定了目标之后，我们开始一起工作。

她反复强调自己人际关系不好，但从小到大，她都是有朋友的，每一次也是她主动跟对方绝交，每到一个新的环境，她都会结束跟之前的朋友的联系，并反复表达对之前朋友的不满。但当她与人相处时，却是另一番景象。在与人相处的过程中，她存在明显的讨好行为。

她下定决心要做一些调整，也跟人际关系不好有关。在职高时她入学没多久便很幸运地交到了几个好朋友，几个女孩子同进同出，关系很好。但一段时间后，几人之间的关系开始发生微妙的变化，她觉得自己被边缘化了。她从不跟朋友倾诉自己的烦恼，从不表达自己想吃什么、想去哪里玩，更多都是让对方做决定。朋友只要有烦恼，跟她倾诉，她就会像心理医生一样认真听对方讲，并且跟对方分析，或者带对方出去散心，想尽办法让对方开心起来。于是，朋友好像只会在需要她的时候来找她，平时几个人走在一起，她找不到话题，又怕自己说错话，只能看着另外几个人聊得很开心，去上厕所也不叫她，好像把她忘记了一般。她有时会觉得跟朋友出去没意思，便刻意推托，长时间自己待在家里，觉得这样的关系维持得很辛苦，但是在班上又没有其他的朋友，她又不想孤独一人，因此非常纠结。

她说，最舒服的是一个人待在家里，躺在床上什么都不干，猫陪着自己就够了。她一直很喜欢猫，每次过来，看到网上可爱的猫猫照片或者视频，都会分享给我看，还描述朋友家的猫多么可爱。她小的时候，家里养过猫，她很喜欢，天天追着玩，后来因为家里的猫抓了她，家里人如临大敌，带她打针，并且在没有告诉过她任何信息的情况下，把猫送回了爷爷奶奶所在的老家。她说："我有一天放学回家，到处找猫找不到，都急哭了，爸妈才告诉我。"但无论她怎么哭求，父母都坚持不让步，她说，到现在妈妈还坚信只要被猫抓一下，就会感染狂犬病，无论她摆多少科学依据都不管用，妈妈更相信很多自媒体上的所谓"科学"。她很无奈，只能经常找理由回老家看看猫，然而送回老家的猫不久后不知道什么原因走丢了，她很自责，觉得它肯定是被毒害了，觉得是自己害了它。后来，她想尽办法说服家人再次给她养了猫，结果又被猫挠伤了，她小心翼翼地遮着伤口，不敢告诉父母，她说："说了我的猫肯定又要被送走。"总之，在这件事情上她是没有话语权的。

她很希望交朋友，但长时间里，她的情感主要寄托在网络上，她会坚持玩一个并不好玩的小游戏，仅仅是因为可以跟队友聊天，并且她会在队友消失的一段时间里情绪波动明显，几周苦等对方的回复。她在网上跟人聊天时会秒变"聊天小能手"，各种话题信手拈来，会运用各种表情向对方撒娇卖萌，聊天氛围轻松活泼，她可以一整晚什么都不做，就是跟对方聊天。她说："在现实中，我就很词穷，不断想'为什么没有表情包'，没有表情包我不知道该怎么说话。"我问她："你在线上跟人说话就不怕说错话吗？"她摇摇头："说错也没关系啊，反正他们也不认识我，我也不会觉得丢脸。"形成鲜明对比的是，现实中她对人际交往十分消极，基本不出门，有时候朋友约她，她也不愿出去，觉得无聊。"无聊"是她说得最多的一个词语。因为职高的课程相对轻松，没压力，也没有作业，她描述自己的生活就是上学、放学、吃饭、玩游戏、睡觉，一天天重复，没有任何意义。有时候她会心血来潮想出去，但跟朋友走着走着，就觉得好累，没意思，便中途回来。她在人际关系中找不到自己合适的位置。她父母的生活方式也是如此，几乎没有娱乐，没有聚会，生活平静如水，没有波折，但他们似乎很适应这样的生活，也希望她过这样的生活。她适应不了，但似乎也改变不了。

她有一句话让我印象很深刻："我有时候觉得活着太没有意义了。"没有人陪伴的时候，她完全找不到自己的价值，但与人相处又觉得压抑，要伪装自己，这是个没有鲜明自我的孩子。

她后来说："我应该还是太不自信了，我都不相信有人真的愿意跟我交朋友，我会勉强自己去做很多事情，但我内心里是不愿意去做的。"她带着期望的眼神看着我："我真的很希望自己能够更自信一些，我都快要工作了，我很担心自己没办法完成好工作。"

"我为什么会这么不自信呢？"她说，"我觉得自己什么优点都没有，长得也不好看，成绩也不好，人际交往也不好……"她一口气罗列出自己无数的缺点，将自己全盘否定了。我看着她精致的脸，一米七的个子，可爱的笑容，这明显是一个很讨人喜欢的女孩。但她习惯将头发留得很长，将大半边脸挡住，整个谈话过程中，不时用手捋一捋头发，让它们挡住更多的脸，仿佛太过暴露自己的脸，别人会有意见似的。

我于是决定详细地了解她的家庭互动模式。

她是家里的独生女，父母几乎将全部的心血都倾注在她身上。家人没有什么娱乐活动，大部分时间都是围绕着她转。

妈妈每天完成自己的事情后，最重要的工作便是照顾她的日常生活。其中就包括反复询问她"要不要喝水，要不要吃水果"，她如果回答"不要"，对方便会隔几分钟之后又问她"要不要喝水，要不要吃水果"。反复多次后，她便会不耐烦，会稍微反驳一下："我都说不要了！"此时母亲便会表现得很委屈："我也是关心你。"我对她说："你妈妈委屈了，那让你爸爸来安慰一下她嘛。""不行的，我妈会把我爸也骂一顿，我爸也会变得很委屈。"由此，就演变成了"由喝水引发的家庭委屈"，而始作俑者变成了这个女孩。此后，大部分时间妈妈询问她要不要吃，她拒绝一两次之后，见妈妈还是一直问，她一般就会答应，勉强去吃水果，或者喝水。事情慢慢有了戏剧性的变化，现在的情况是，她好好地坐着玩游戏或者画画，并不觉得口渴或者想吃东西，妈妈在这时候走进她的房间里，询问："要喝水吗？"她便会觉得真的口渴起来，甚至妈妈只要拿着水果进来，她便觉得想吃，且吃得津津有味，无比满足。她本来不想洗碗，但在父母的要求下勉强去洗，洗着洗着便哼起了歌，还一边吹起了泡泡，十分欢快，并且想着："下次我还要洗碗。"我惊讶于她这样的变化，但内心有很复杂的感觉，难以表达。

这个女孩的爸爸最关注的则是孩子要不要上厕所。每次过来做治疗，爸爸都会让孩子先去上厕所，而女孩也都会很顺从地去。有一次我就忍不住问："你是真的想上厕所吗？"她说："不想。但之前试过爸爸叫的时候不去，过一会儿就会觉得真的想上厕所，会后悔没有听爸爸的话。"她平时有吃午饭前上厕所的习惯，有一次没有去，爸爸就问她："你今天怎么不去厕所？"几乎同时，她立马觉得肚子痛了起来，起身去了厕所。

这让我想起来一个朋友曾经分享过的她与儿子相处时的一个小细节：一次聚会中，她去洗手间时，顺口问儿子"要不要上厕所"，儿子很不爽，答："妈，我要不要上厕所，自己不知道吗？需要你来问？"她被问得一愣。儿子又乘胜追击："第一，这种问题，不是对三岁小孩才会问的问题吗？第二，上厕所，你不觉得是件非常非常个人的事吗？请问，你会不会问你的朋友'要不要上厕所？'"这样的情形很多人都很熟悉。

很明显，我眼前的这个女孩，她的回应完全不同。她乖乖喝水，乖乖吃水果，乖乖上厕所，她甚至乐在其中。她原本不想洗碗，或者想吃完饭坐一会再去洗碗，但是妈妈反复催她，一定要她马上去洗，她只能勉强去做，结果，她洗着洗着竟然哼起歌来，一边用洗洁精吹起了泡泡，一边心里想着："洗碗真好玩，我下次还要洗碗。"她还讲到其他的例子，跟同学一起出去，两个人一起吃鸡翅，自己明明觉得很好吃，对方吃了一口，随意一说："味道还行，就是太腻了。"她没回话，再次拿起鸡翅吃起来的时候，她立马就觉得太腻了，勉强吃了两口，就再也吃不下去了。

她反复询问我："我怎样才能更自信一点呢？我觉得自己太不自信了。"我看着比我高出一头、已经上高中的她，说："你连自己的身体感觉都无法相信，怎么能够自信呢？"她无奈地笑笑，陷入沉思。

在她父母的眼中，她是一个没有思想、没有自我的小孩子，只要她表达一点的反感和不听从，受伤的父母的脸便如同刻在了她的脑海里，不断折磨她，让她无法承受。因此，她选择顺从，习惯成自然，压抑反感的部分便慢慢消失了，变成了她内心"真实"的意向。她发展出"假自我"，乖巧、懂事、天真无邪，永远长不大。于是，她的感觉、情绪、选择，通通变换了标准，用别人的眼睛代替自己的眼睛，用别人的味觉代替自己的味觉，用别人的评价来代替自己的评价。我没有说出来的部分是：你似乎把你自己都弄丢了，又何来自信呢？

这让我想到另外一个很特别的孩子，才上六年级，因为一次被同学欺负打到头后，做作业时突然头痛，无法坚持，转移注意力放松一段时间后能自己缓解。一开始他只是没办法做作业，看到作业就头痛，痛得严重时甚至在床上打滚，抱头大叫，异常痛苦。家人带其反复求医，头颅 MRI、脑电图、颈椎 X 线等各种检查做遍了，均没有发现任何异常。后来他的头痛频率逐渐增加，头痛性质不固定，有时为搏动性头痛，有时为紧张性头痛，时轻时重，持续时间不定，最长 3 ~ 4 个小时，最短可能 1 分钟左右就能自然缓解。而且这是一个很有性格的头痛，会选择合适的时间地点，每逢上课时、在家做作业时、需要做不愿意做的事情时等，便会出现，在被批评教育时头痛会更剧烈。他逐渐不能坚持上学，反复打电话给父母，要求接他回家，出校门后头痛便会奇迹般地消失，仿佛那道校门是神奇的魔法门，拥有奇迹的治愈能力。而且这个头痛药物没奈何，服用"止痛药"不能缓解，但回家后能自行缓解。大约有一年的时间，他辗转于各个医院，时断时续地上学，体重增长近二十斤。以往喜欢的事情如打乒乓球也不愿意做，缺乏活力，每天大部分时间都在睡觉，仍一副睡眼惺忪的样子，满脸愁容，完全没有十来岁男孩的活力和精神状态，倒像个暮气沉沉的老年人。

　　他来找我的目标很明确，希望改善头痛和厌学。他滔滔不绝地讲述，向我表达他内心的焦虑。他说第一次头痛是因为班上有个女生打他的头，他不敢告诉老师和家长，因为对方很凶，怕对方之后会针对自己，只能自己憋着，但心里很憋屈。后来便莫名其妙地出现强烈的头痛，有时痛到在地上打滚。他说："我们家有很多人，爷爷奶奶爸爸妈妈。爸爸妈妈从小对我的成绩要求非常严格，而且脾气非常暴躁，动不动就发脾气，会打骂我。我跟父母相处都要小心翼翼的。"接着又绘声绘色地描述家人都有洁癖，家里每天都要拖地，自己东西没放好也会被大人说。家里像是每个角落都有监控，自己的一举一动都被关注着，全家人的注意力都在自己身上。他不无抱怨地说："我爷爷奶奶都是退休老师，妈妈是家庭主妇，他们都有大把的空闲时间，每天的主要工作就是围着我转。每个人都不停地告诉我应该这样做，应该那样做，但是他们的说法有时候是冲突的。总之每个人都希望我按他们的意愿去做事情。"我问他："你不想做的事情怎么办呢？"他无奈地看着我："不想做也得做呀，不然他们又要说我不听话。"说完，像想起了什么似的，他带点欣慰的语调说："但是我生了头痛的病之后，他们对我的态度好了很多，爸爸没有再打我，家人对我发脾气的情况也少了很多。"转头，他语气中又带着愤怒说："以前，我觉得自己就是他们的出气筒，我在家大气都不敢出。"

接着，他就开始带着调侃的语气谈到全家人对自己的关注。爸爸妈妈爷爷奶奶，轮番上阵，无时无刻不盯着自己看，他在家里的房间不能关门，不时就有大人进出。喝水、上厕所，到现在家人都还要管，从小他们就教育自己不要在学校上厕所，要在家里上，因为学校的厕所不干净。听到这里，我忍不住张大嘴巴，这是我听过的最特别的指令，我好奇地问："这你也可以做到吗？"他答："习惯了就可以。"现在，他已经是十二岁的大男孩，长得高大强壮，家人还会每天询问他大便的情况，并提醒他要按时大便。他说："我觉得超级尴尬，但也会回答，我很难说服他们不要再问，只能乖乖听从。"更特别的是，不只是一个人问，全家人可能会轮番询问。他在家里毫无隐私可言。

"我一直很想养一个宠物陪我，猫或狗，或者仓鼠、乌龟都行，只要能陪着我，听我说话就行，但家人都不同意。他们总有一堆理由：动物脏，有传染病，会弄伤我……说着说着就变成了教育我，觉得我每天不认真学习，想东想西的，很烦。"停了一下，似乎想起了什么，他补充说："我现在头痛的病厉害了，他们的口气才稍微缓和一点，但还是没明确答应我。"

他对目前的生活状况还是满意的，觉得还过得去，是家人把上学这件事情看得太重了，但自己觉得上学没那么重要，偶尔不上关系也不大。每次做作业时他都如临大敌，先是反感烦躁，接着就开始头痛，他详细地描述了那个过程："那些作业本上的字突然都变得很模糊、很大，往我脑子里钻，头就胀痛起来。"他反复强调是自己没办法控制的，不是自己装病，可父母总说自己是装病，不理解自己。他像面对一个艰巨的任务一般充满着无奈："做作业压力真的很大，我爸妈还是要求我做，让我克服。我真的不是装病。"我相信他不是装病，但他的头痛确实是一个有"个性"，甚至可以说有"人性"的头痛，表达着他的抗拒、压抑、委屈，承担着保护他的责任。

上学对他来说确实是一件痛苦的事情，他一进到学校就觉得紧张、压抑，很不自在，觉得老师时刻都盯着自己，教室里人太多，憋得慌。学校里的所有规则他都很反感，觉得是一种束缚，但只要他在学校，他一定会是最遵守规则的那一个。那是因为他害怕惩罚。害怕作业做不完被惩罚，上课不认真被惩罚，不遵守纪律被惩罚……特别是老师提问，一叫到他的名字，他简直如收到催命符一般，直冒冷汗，说话也结结巴巴。所以，他头痛之后，家人就跟老师沟通，不再点他回答问题。因此，头痛于他而言，确实是保护伞。他自己做出了分析：可能是在家里被关注太多，规矩太多，学校有一点规矩就特别难受，其实老师并不是很凶，就是讲课有点死板。不过，这是他理智上的认识，他内心里，把学校和家庭等同起来了。

跟这样的孩子沟通，我会在过程中尽可能多地制造机会让他们表达，去发表自己的想法，会有较多的询问："你怎么看呢？""父母是这样想的，那你的想法呢？"一开始，他们都较迷茫，说："我也不太清楚自己的想法。"我就换个问法："你有没有比较羡慕其他人的状态？希望自己变成他的样子？""在面对这样的事情的时候，你的感受是怎样的呢？"总之，这个过程并不容易，这是帮助孩子逐步寻找自我，逐步去确认自己内心想法的过程，信心、主见，都需要经历这样的过程才能逐步建立。

曾经跟一群青春期孩子的家长们有一个很有意思的讨论，是关于"听话"和"有主见"，我问他们："你们希望未来孩子是什么事情都听别人的，还是有自己的想法和主见呢？"显然，这是一道送分题，家长们都选择了有主见的孩子。我又换了一个问法："那现在呢？你们是希望孩子听话，还是用各种方式跟你表达他们自己的想法呢？"很多家长有点尴尬地笑了，小声说："还是听话好。"家长们在这里有一个普遍的幻想：等孩子长大了，成年了，自然就会变得有自信，变得有主见起来。而现在，还是听我的最好。

接着，我们又讨论起"信任"和"担心"的问题，就如上面两个案例所呈现的，这两对青春期孩子的父母，连孩子"渴了自己知道喝水，急了自己知道上厕所"都无法信任，坚信孩子需要自己时时督促，推及其他方面，比如说孩子选择什么样的朋友，读什么样的学校，将来走什么样的人生道路，又如何去信任呢？所以，家长们一致回答："哪有做父母的不担心自己孩子的？"是的，每个父母都担忧，甚至充满着对孩子坎坷未来的恐惧，每走一步，都担心他跌倒，恨不能时时扶着他，或者干脆代替他走才能安下心来。然而，家庭教育跟学校教育类似，需要更多理性地参与，需要家长在行动之前问一句"这样做是不是有利于他的成长"，而非单纯为了缓解自己的焦虑，不问孩子上不上厕所就不安心，不问孩子喝不喝水就不安心，甚而，孩子说不想上厕所的时候也要质疑一下。如此这般不信任，孩子如何能相信自己呢？

孩子的自信，源于父母对其能力的信任。随着孩子的成长，将决定"何时上厕所"这类权利交还给孩子，才是真正的独立教育。

故事十三　普通家庭中的"富二代"

有花不完的钱，父母完全不管自己，拥有绝对的自由，每天不限时间地玩游戏，这是很多孩子跟我描绘的理想生活。

最难的一点当然是：拥有花不完的钱。没有几个父母是亿万富翁，却不知为何，很多孩子们心中都不断做着富二代的美梦。或者更准确地说，在长期的生活中，父母确实让他们的孩子过上了"富二代"的生活。

这个孩子是一个让我对他爱恨交织的对象，我对他很多理所当然的观点恨得牙痒痒，又对他完全不符合年龄的举止言行忍俊不禁。

他过着巨婴一般的"富二代"生活，并且乐此不疲。他家人找到我，一方面是因为他有明显的社交恐惧，害怕出门，一到人多的地方就紧张；另一方面是因为他脾气暴躁，动不动就在家里发脾气、砸东西，严重时甚至砍断煤气管，威胁要跟家人同归于尽。他极度自卑，又极度自信，与父母难分难舍，又对任劳任怨的老父母极度不满，动不动就恶语相向。他很胖，走路都有些吃力，他不满意自己的体型，但又无法下定决心减肥，他必须餐餐不离肉，不然会大吵大闹。他几乎没有朋友，但很渴望友谊；他生活得事事如意，却又似乎没有一件事是完全遂心的。他矛盾、愤怒、悲伤，他逃避、恐慌、不知所措。

好在，他告诉我："我希望自己可以变得更好，所以来找你。"

他零零散散地跟我讲述了很多他的故事，我饶有兴味地听，不批判，不评价。

他说，有一次坐公交车，一个老人家看到他长得胖，一直玩手机，不给老人让座，便教育者上身，当着全车人的面训斥他。大意便是不知道他是怎样的好吃懒做才会长这么胖，长这么胖还不减肥，还不懂礼貌，家人没有教育好他，自己要代替家人教育教育他，现在的小孩子真是没救了。他当时非常气愤，但是一句话都没说，硬撑着坐到站，逃下了车。自此之后他就害怕人多的场合，不敢再坐任何公共交通工具，只要一坐上去便会紧张得浑身冒冷汗。此后他的爸爸就每天开一个多小时的车，接他上学放学，有时去晚了，他还会发脾气，将爸爸臭骂一顿。我笑他："那你就相当于有一个专职司机了，还不用付工资。"他不好意思地笑笑说："是他们自己要接我的。"

现在他想挑战一下自己，会向父母提出坐公共交通工具去锻炼。他对我说，公交车上如果有跟自己一样胖的人，他坐在旁边就会很放松，如果是那种西装革履，像成功人士一样的人，他就不敢坐在对方旁边，会觉得比对方低一等。

他还有一个恐惧：异性。迄今为止，他从来不敢主动跟异性说话，在班级事务中有异性班干部找到自己，他会非常紧张，在强装镇定应付式地回答完后，便马上走开。他说："读了这么多年书，我基本不知道班上的女生长什么样子。"我表示不信："怎么可能？"他无奈地说："真的，我从来没有正眼看过她们。"我锲而不舍："那也可以用余光偷偷瞄一下的呀。"他诚实地回答："没试过，我怕别人看出来会骂我神经病。"在他眼中，女孩子成了恐怖的生物，随时可能会骂他、鄙视他、贬低他，总之远远躲开是最安全的。无论对方长得高矮胖瘦，他都觉得对方会嫌弃他，不敢与对方对视。我于是问："那你以后谈恋爱结婚怎么办呢？"他皱着眉说："我也不知道。"后来，他成功地找到了一个自我安慰的方法：不要女朋友也可以，每天玩游戏也挺开心的。我表示怀疑："真的吗？"他说："是啊，跟女孩子相处太麻烦了，打赢了游戏我也一样开心。"确实，与人相处本来就很麻烦，与异性相处更复杂，他选择避开这些麻烦，寻找最简单、最直接的娱乐方式。

此后，游戏便成为他所有的娱乐和快乐源泉，每天放学回家后，他把全部的精力投入游戏中，投入与家人的纠缠中。我尝试向他描绘与另一个人亲密无间、相互支持，找到一个真正理解自己的人的美好生活，他怀疑地看着我，眼睛里写满："真的有那么好吗？"好像我在讲童话故事一样。停了一会儿他说："可能吧，但我真的觉得大概也跟玩游戏赢了的感觉差不多。"我无言以对。

他对自己的评价非常低，他形容自己"就像'垃圾'一样，一无是处"。他觉得学校的同学也嫌弃自己，有几个同学只要自己一靠近就离开，好像自己身上带着病毒一样。他很想交朋友，但是不知道怎样才能交到朋友，他找不到合适的话题去跟别人聊天，又不肯帮别人做一点小事，觉得自己会吃亏，希望对方能多迁就自己。可想而知，他的人际关系得有多糟糕。他说："我在班上就像空气一样，很多人根本就注意不到我的存在，我几天不去上学也没人知道。"这个世界总是喜欢锦上添花，优秀的孩子能轻易吸引到所有人的目光，而另一群没那么优秀，且不怎么听话的孩子，他们的心理需要，无人问津。然而，他们也渴望被看见，渴望有人欣赏自己。

他曾在上初中时，因为班里的英语老师经常批评他，说他考不上高中，只有读职高的份，甚至让班上的同学少跟他接触，所以他对英语科目非常反感，上英语课基本不听课。加上学习压力逐渐加大，无法达到之前的学习成绩排名，每到考试，他都非常紧张，生怕自己考不好。初二时，实在坚持不下去，他便从教学楼二楼跳了下去。但他说得很清楚，并不是想死，只是想让学校和家里同意他不上学。他摔断了腿，坐了一个学期的轮椅，妈妈每天推他去学校，然后在楼下的小教室里等着，以便他有什么紧急情况老师可以随时找他妈妈处理，就像小学生陪读。我当时问他："你跳的时候不怕吗？""不怕，我知道摔不死。"我更困惑："摔残了不是更痛苦吗？"他笑着说："摔残了更好，这样我爸妈就要养我一辈子了。"我一时没有解读出来其中的信息，反问他："养你一辈子？"他肯定地说："是啊，我都残疾了难道还能工作吗？"那一瞬间我找不到合适的方式回应。我也算见过想以各种各样的方式留在家中，逃避压力的孩子，但欣然接受自己成为残疾人，希望用这样的理由让父母养自己一辈子的说法，我还是第一次听说。我看着眼前这个胖胖的，像巨婴一样的孩子，为他的幻想感到担忧，更不知道他的父母听到他这样的话，会做何感想。

我很有兴趣了解他的成长背景、家庭环境，发现这是很有意思、感情深厚，又彼此折磨、痛苦常伴的一家人。

在这个家庭中，爸爸努力赚钱养家，妈妈则是把全部精力都用在照顾孩子、经营家庭上。妈妈总是焦虑，担心自己做得不够好。她希望培养出一个优秀的孩子，从小便对这个孩子要求非常严格，每天做作业都要在旁边陪着，定时检查，只要考差了，轻则一顿打骂，重则夫妻二人合作，"混合双打"。孩子心里不服气，但坚决不哭。越是不哭，妈妈越是生气，便一直打到没有力气为止。并且，每次打，他们必然要求孩子跪在地上，规规矩矩地受着，不可反驳，不能乱动，否则会被加倍惩罚。于是，孩子想尽办法藏试卷，改分数，每天战战兢兢，生怕惹母亲不高兴。爸爸忙于工作，基本上不管家里的事，每每母亲告状，诉说孩子的种种恶行，爸爸便用一顿暴打解决。而另一方面，对于孩子的种种要求，特别是金钱方面的需求，他们几乎是有求必应的。家庭开销只靠爸爸来支持，经济状况一般，但他在同学的印象中却是富二代般的存在，总是有花不完的零花钱。他酷爱高达，总是能买各种各样的高达积木，他请同学吃零食也是家常便饭，他总有办法让父母答应他的要求，且屡试不爽。初中之前，他在这样的教育之下，是父母面前懂事乖巧、老师眼中勤奋好学的好孩子，没有关系特别好的朋友，但在班上还算受欢迎。

从小到大，他有一个自己的小本本，上面清楚地记录着父母哪天骂了他，具体骂了什么，哪天打了他，他心里有多不服气。我问他："记录下来是为了什么呢？"他说："我也没想好，我会经常拿出来看，然后想等他们老了，我也这么对他们。"他的父母当时也在身边，哭笑不得地看着他，无奈地说："你就只记得我们对你不好，我们平时对你那么好，你全都忘记了。"他也笑，谈起父母打他，他并没有咬牙切齿，反而不时地笑，像个不记仇的小朋友。只是他对父母说话比较不客气，有时对父母骂脏话，父母话语稍不中听，便叫其"闭嘴"，俨然是家中霸主。只有在跟父母谈条件时，他的态度才会非常和善，对妈妈一口一个"美女"地叫，夸得妈妈都不好意思起来，又会娓娓道出自己需要钱的用途、必要性，让人几乎找不到拒绝的理由。他对爸爸就直接很多，一般开口便是要多少钱，爸爸也基本不会拒绝。我问："爸爸妈妈从来不会意见不合吗？"父母便说："他很聪明的，他从来不会跟我们俩一起提要求，都是把我们拉到房间，分开跟我们说。"我笑道："各个击破。"妈妈便滔滔不绝地陈述："就是呀，他很会挑时间，会找我跟他爸爸心情都比较好的时候，很郑重地把我或者他爸爸叫到房间，跟我们说他的要求，我跟他爸爸很多时候都不知道他在不同的时间跟我们说了同样的事情，糊里糊涂地就都答应了。"这话成功地引起了我的好奇心，忍不住问："怎么糊里糊涂呢？"妈妈苦笑着说："比如说，他会跟我说爸爸已经答应了，那么要说话算数，跟爸爸就说我已经答应了，我老公一般就不会多问。"这个已经上高中的孩子，在一旁坏笑得像个诡计得逞的小男孩。我觉得有些不可思议："难道这么多年，你们夫妻都没有识破过他的小伎俩吗？""我们知道的时候，一般都已经答应他了，也不好反悔。我们俩平时都是各自忙各自的，很少有机会交流，他工作也忙。"爸爸在一旁无奈地说："他除了有要求，平时很少跟我说话的。"

有一年国庆节他与父母一起回老家。有一天，父母要出去探望其他亲戚，他不愿意去，想待在房间里自由地玩手机。没想到，家族里的长辈们自发地闯了进来，希望担当起教育他的义务。一屋子长辈，七嘴八舌地说他：整天玩手机，不学习，不体谅父母辛苦，又说他长这么胖还不减肥，等等，唠叨了一大通。他听得心里一肚子气，不敢反驳，又不好走开。他于是变得非常愤怒，心里压着一股火发不出来。怎么办？他给父母发短信打电话，用脏话骂父母，并且命令父母马上回来，不然就等着给自己收尸。是的，确实是命令，发了一堆恐吓短信之后，他便直接关机。

爸爸接到信息后非常紧张，赶紧回家，一进门却看到他正好好地看着电视。父母还没来得及发作，他却立刻变脸，骂父母出去这么久，不管自己。吃饭的时候他很生气，直接把爸爸的饭碗扣翻了，爸爸没有说什么，重新盛了饭自己吃。父母都怕刺激他，使他更生气，所以没有与他发生正面冲突，尽量让着他。爸爸妈妈在说这件事的时候，明显还有些后怕，声音都不太自然，但这个孩子面带坏笑，像孩子般天真，仿佛玩一个精彩绝伦的游戏获得了胜利："我没想那么多，只想吓吓他们。"我问："什么原因要吓他们呢？"他说："谁让他们不在我身边，他们在的话，亲戚就会给他们面子，就不会那样说我了。"我说："那就是说你需要的时候父母必须在你身边？"他笑一笑，没说话。"那你说那么多狠话威胁他们是为什么呢？"他很诚实地回答："只有这样他们才会快点回来，我好好说的话他们肯定不当回事。""你很了解你的父母。"他有些骄傲："本来就是这样。"我很好奇，问："似乎在你眼中，爸妈是无所不能的，也应该是随叫随到的？"他说："我需要的时候，他们不在，我就会很生气。"

这是一个很有意思的现象，这个孩子到快成年的时候，还坚信自己对父母有支配权，觉得自己是全能的，世界是围着自己转的。而他所使用的方式，也是如小孩子般威胁哭闹，将所有的心思和精力都花在让父母妥协上。父母一边疲惫不堪，一边又苦于应付，一家人来回周旋，无法脱身。

这真是一对超人父母，全知全能的父母，一直以来努力做到在父母这个岗位上获得一百分，只要孩子需要，便会第一时间出现在他身边，花力气为他解决一切问题。一般来讲，只有孩子处在婴儿期的时候，妈妈才能做到随叫随到，孩子的哭声就是圣旨，妈妈必须放下手中的一切去帮助他。当然，那时候孩子的需要是比较容易满足的：喂奶、换尿布、逗他玩、解除他身体上不舒服的感觉……这些大约是每个妈妈天生具备的能力。我佩服这对父母，随着孩子不断长大，他们自己的身体长出"三头六臂"，不眠不休地陪在孩子身边，将工作范围延伸到学校，延伸到社会，一直尝试竭尽全力为孩子保驾护航。他们心里也清楚，孩子已经是高中生，应该可以适当松松手，让孩子自己去处理一些问题，这样自己也可以偶尔透透气，没想到孩子却不让，电话一个接着一个，哭没用就威胁，威胁没用便动手打人。总之在这个孩子心中，父母随叫随到是天经地义的，对他来说不存在感恩一说。父母只会在没有做到，或者做得不够及时的时候，引来他的愤怒。

这就是为什么过度付出换不来感恩。既然父母是如孩子手脚一般的存在，完全由孩子支配，那就当然必须听孩子的指令。而一般人，是不会向自己的手脚道谢的，因为支配它们去做事，天经地义。

这孩子说自己什么事情都不用做，妈妈都会帮自己做。"比如呢？""我打游戏，让她帮我倒水，她就会帮我倒。我想吃什么菜她都会帮我做。家里的卫生我也从来不用打扫。去哪里我都是让她带着我去，我从来不记路……"我感叹："这样说你妈妈对你来说还是很重要的嘛。"他点头承认，但马上补充："但是也很烦，整天唠唠叨叨，说我这不好，那不好。"

这是很难应对生活变故和挫折的一家人。丈夫勤勤恳恳工作，妻子全心全意照顾家庭，对未来的期待全部寄托在孩子身上。家庭经济状况原本一般，却从小学开始便给孩子请家教，将孩子的时间安排得满满当当。考上重点初中，父母履行诺言，给孩子配了手机，由此他开始迷上游戏。

他最厌烦家人管他玩游戏，父母是为了奖励他考上不错的初中而给他配的手机和电脑，从此游戏成了他唯一的爱好。没有特别安排的时候，他可以一整天坐着打游戏，甚至不上厕所不吃饭。父母叫他吃饭或者上厕所的时候，他会非常反感，有时甚至会骂做好饭等他吃的妈妈"贱人""贱女人"。父母给他制订无数次"手机使用时间表"，让他签字画押，也全无用处，他有千百种理由拖延时间，最终父母只能放弃。

他深知，父母不在身边的时候，他是完全管不住自己的：没有父母每天当闹钟，他起不了床；没有父母提醒他做作业，他必定要沦落到深夜赶作业的地步；没有爸妈提醒他玩电脑的时长，他完全不知道自己到底玩了多久……他很诚实地说："我很向往没人管的生活，自由自在，做梦都想过那样的日子。但我知道自己自制力很弱，没人管我都不知道自己会过成什么样，可能我澡都会十天半个月不洗。"换句话说，他深信自己离开父母是活不下去的，但这并不妨碍他对父母的诸多不满。"相爱相杀"的亲子关系，每天在他们家上演。

我们都会以为父母为孩子付出了这么多，孩子一定会感恩，会懂得体谅父母。这是很多父母的期盼。父母期待着自己年轻时全心全力为孩子付出，给予孩子最好的一切，到年老时，会换来温馨的"母慈子孝"的场面，孩子会如自己对他般对自己。看过太多家庭后，我愈加发现这一幻想的不切实际。

这个孩子就对父母有无数的控诉：爸爸妈妈只是把我当成未来养老的工具，让我努力读书也是为了将来能够赡养他们，并不是因为爱我；而且他们说的话我都记得一清二楚，证据确凿。比如，妈妈会经常说："我这辈子最后悔的事情就是生下你，我养条狗还会摇尾巴，生你一点用都没有。"比如，爸爸会说："你现在不好好学习，将来自己都养不活，还怎么养我们？"他们平时跟我说话也都是贬低我的，说我这个样子，将来只能去扫大街，可能扫大街都没人要我；说我"眼瞎"，说我是个"废人"，说我"没长手"，总之就是一无是处。而且他们跟我说话的态度也很不耐烦，总是说"你不会自己拿啊？""你没长手啊？""你是大爷啊？"我突然饶有兴致地问："但他们还是会帮你拿，帮你做对吗？"他撇撇嘴，说："是会帮我做，但是态度那么不耐烦，我觉得还不如我自己做。"当然，我们都清楚他这话只是说说而已，有人照顾，或者说服侍，还不用自己付出任何代价的生活，总是让人欲罢不能的。语言的攻击，在这个过程中，起不到训练行为的作用，只是在不断伤害感情，积累愤怒，这些愤怒，阻碍着感恩，让父母的付出变成了带刺的玫瑰，让孩子靠近不得，又舍不下。

他很多时候会失落地说："我觉得我爸妈早就不想要我，不想管我了，他们生气的时候说的才是真话。"每次爸爸妈妈在场，听到他这样的表达，都会非常惊讶，他们解释，他们真的为孩子付出了很多，他们这一代的父母，都是这样做的，他们的生活就是围着孩子转，他们觉得这是应该的。当这对父母再三保证内心并不觉得孩子很差，更不可能放弃他时，孩子说只记得他们对他的不好，不记得他们好的时候，他们想得太多，才会心情不好。这个胖胖的男孩，听到这样的话时，总是很天真地笑着，嘴上说："谁让你们经常说不要我，后悔生我？"我知道他内心在这一刻是安定的，他保持着孩子般的天真，相信父母说的所有话。所以，这种安定会让他们之间的关系暂时平稳下来，直到父母再次因为他的某一些行为情绪失控，再次说出同样伤人的气话，如此循环往复。当然，每一次的确认，都会让他的信心增加一分，引导着彼此间的关系朝好的方向发展。

过度付出的父母，很少有付出时是开心的，都是满腹抱怨和威胁抛弃的言语。就像这个孩子所说的，他问一声"杯子在哪？"妈妈便会没好气地回答："你眼瞎啊？不会自己找啊？"当然，这还是在心平气和的前提下，若是争吵起来，妈妈情绪激动之下就会说，"我就当从来没生过你！""我怎么会生下你这么没用的东西！"而同时，妈妈似乎总也放心不下孩子，永远要不停地叮嘱，出门要不停地催促；担心他成绩不好，用从牙缝中省下来的钱，给孩子请家庭老师。大约是这份工作实在太难做了，妈妈总是想辞职罢工，然而，"辞职信"在内心写了千百遍，在口中喊了上万遍，总也没有上交生效的时候。孩子永远不给自己这样的机会。另一方面，经历了十几年的家庭主妇生活，面对外面的世界，妈妈也同样怀有恐惧。

这样的拉锯战对现状没有丝毫改变，只是不断破坏着彼此的关系，让愤怒和仇恨越积越多，一点点冲淡用金钱和生活照顾垒砌起来的爱意。

如果说，真正的富豪家庭的孩子，也就是我们所说的富二代，所受的伤害来自父母忙于挣钱，缺少陪伴，在孩子需要的时候缺乏支持的话，那么普通家庭中的"富二代"却是另外一副样子。他们的父母，就如我们故事中讲述到的一样，并非富甲一方，家庭收入顶多算小康，但却省吃俭用，让孩子生活得奢侈而随心所欲。他们希望孩子不要吃自己以前吃的苦，因此，他们也是用钱来表达爱，只是这钱来得太不容易，花得他们很心痛。既然心痛，就难免抱怨，既然抱怨，也就很难充满爱意地与孩子相处。积怨久了，就变成了无处不在的愤怒。孩子接收到的就是父母对自己时时处处的嫌弃，亲子之间形成的是不安全的依恋关系。

这类家庭的父母，同样不懂得表达对孩子的爱，也不懂得表达自己内心的感受，他们以为对孩子有求必应、随叫随到便是最大的爱，并且满心期待孩子会因此感恩，因此全家其乐融融。但钱跟爱是无法画等号的，特别是在孩子心中。由此，便生出许多失望来，失望积聚，便会引来愤怒。

为人父母，一定得先照顾好自己，先满足自己的需要，这样才能照顾孩子，满足孩子的需要。我不赞成过度夸大父爱母爱，过度宣扬父母无私奉献，节衣缩食地为孩子提供好的生活、教育条件。父母首先是人，其次才是父母。生而为人便有属于自己的需要，若因为有了父母这个身份，就要勉强自己去压抑作为人的正当需要，那作为父母是不可能成功的。

孩子从幼时以为父母全知全能，到不断经历挫败，接受父母也有不能做到的事情，接受现实世界的真实和不顺意，这个过程，就是成长。以为父母永远无所不能，要求父母永远随叫随到，活在这样的幻想中，孩子便永远无法长大，更不可能真正走出家庭。

从这个角度讲，父母爱自己，也是促进孩子成长的有效方式。普通家庭有普通家庭的温暖和快乐，在亲子关系中，学习表达爱，远比拼命挣钱更重要。

故事十四　希望生病

谁会傻到希望自己生病呢？

但就有这么一群孩子希望自己生病。他们傻吗？

非也。这群孩子可不傻，非但不傻，还几乎都是或者至少曾经是成绩优异的好学生。他们的"病"也奇怪，所有的身体检查都是健康正常的，然而，他们的痛苦又是那样的真实，症状也是那么明显，家人焦虑着急，却也无可奈何。

我们将这种现象称为用身体来为内心"说话"。这些病，都极有"个性"，而且能帮助孩子们表达无法言说的内心感受，得到一直求而不得的"理想生活"。

在不同年龄的孩子中，这种通过"生病"来表达内心需要的情况都普遍存在，甚至逐渐变成了一种长在他们身上的"寄生物"，让人摆脱不了，使他们陷入"病人"角色，无法自拔。

我们通过不同年龄阶段的三个案例，来看看这个过程。

第一个是一个小女孩，才十岁，是因为持续一年不明原因的头晕、发作性呼吸急促，来找到我的。

第一次治疗，进入沙盘室，她没有像其他孩子一样表现出明显的兴奋，但我看到她看沙具时眼中的光彩。于是我告诉她："感兴趣的话可以去挑你喜欢的。"她端正地坐着，看起来有点僵硬，说："不用了，我也不太感兴趣。"只是眼睛还是瞟着架子上的沙具,我于是再次发出邀请。她还是坐着没动,跟我解释说:"这些应该很贵吧?还是不用了。"我又详细解释了一下这些都不贵,都是可以玩的。她仍没有动,再次跟我说明她的想法:"我对什么都不太感兴趣,我也不知道自己喜欢什么,我只做需要做的事情。"一个十岁的孩子,一本正经地跟我说"只做需要做的事情",莫名地,我内心有些悲凉,对她生出怜惜来。

一个小时的时间里,这个十岁的孩子一直坐得端端正正的,偌大的沙发椅子,她只坐在前端,恭恭敬敬的,一副随时准备聆听训诫的样子。她很镇定地跟我描述自己第一次发病的经过:自己本来好端端地在写作业,弟弟突然一只鞋子飞过来,打到了自己。她心里很气愤,不过没有发作,只是低头不说话,后来慢慢就感觉呼吸加快、加深,喘不过气来,而且头非常晕,像哮喘发作一般气促起来。我于是问她:"那你家人这时候是怎么做的呢?"她便答:"他们都围着我,叫我放松,但是我好像控制不了自己的身体。""能听到他们说话吗?"她认真想了想说:"能听到说话声,但感觉很遥远,听不清。我整个人迷迷糊糊的,不知道自己做了什么。"

无奈,家里的爷爷奶奶立马将父母叫来,将她送到医院,又是做全身检查,又是打吊针,又是吸氧,两天之后情况才慢慢好转,出院回家。这两天家人非常紧张,寸步不离地守着她,对她的态度也是前所未有的好,好吃的好玩的供着。当然,这也是我们通常对待生病孩子的关爱态度。家人看她慢慢好起来了,就送她回学校上学,但她只在学校待了半天就待不下去了,头晕得厉害,天旋地转一般。家人只能将她接回家,但是她在家里也是一看见书本就头晕,气促的情况每2~3天就会发作,家人没办法,只好让她一直在家待着,差不多一年的时间都没有去上学。

她对很多事情都描述得很清楚,一边讲一边像大人一样将一下额前的刘海儿,接着抬头挺胸看着我继续说。她大部分时间都语气平静地叙述着事情的来龙去脉，不带明显的情绪，像是在回答老师的问题，而不是在分享自己的经历。我惊讶于她超乎年龄的淡定。

只有谈到弟弟时她才会像这个年龄阶段的孩子那样情绪外露，她显得很激动，带着愠怒，说话的声音也提高了几度。完全不需要我提问，她就自顾自地说起来，说弟弟多调皮，经常无缘无故地打别人，自己跟他玩的时候他也会打自己，所以自己跟朋友出去玩的时候，都不想带弟弟，不然会得罪同学。外公外婆比较偏心弟弟，所以经常数落她："就知道自己出去玩，对外人比对自己弟弟还好！"她心里觉得委屈，不过从不反驳。"为什么不反驳呢？"她答："反驳了也没用，他们又会说我不懂事，没有个做姐姐的样子。"接着，她又想起很多对弟弟的不满来。

自己跟弟弟发生矛盾，明明是弟弟先动手打自己，外公外婆没看到，自己还手的时候弟弟就假哭，外公外婆就过来了，不由分说地骂自己："你做姐姐的怎么不让着弟弟？整天把弟弟弄得哭天喊地的！"弟弟就在一旁哭得更大声了，有时候，自己还会因此挨打。不过她说的时候，看不出委屈和难过，只稍稍有点愤怒。我便问她："你会跟外公外婆解释吗？"她的愤怒更强烈了："我一反驳，他们就会说我犟，顶嘴，不承认错误。"她又补充说："弟弟这么调皮，老师也经常向家里反映，爷爷奶奶却很少教育弟弟，最多稍稍说一下。"我问："说什么呢？"她回答："说下次不要再这样了。"

这还没完，过了一会儿，她又想起一些事，又跟我说起来："弟弟很坏的，经常作业也不做，还要我帮他做，只知道打游戏、看电视。"我说："你还要帮弟弟做作业吗？"她无奈地说："他让我帮他做作业时就会说很多好话，而且我不做的话，外公外婆又会说我不教他。"我听出她的委屈和愤怒来，就问："你家里人知道你的想法吗？"不出意料，她摇摇头。家人一无所知，在家人眼中，她是特别懂事、让人特别省心的孩子，做得跟家人期望中的一样："懂事，乖，让着弟弟"。

在家人看来，她对弟弟非常好，跟弟弟关系很好，两个人经常在一起玩，有说有笑的，弟弟很喜欢跟着姐姐。他们有很多的例子来证明自己的观察，比如说，有人在学校给了姐姐一包零食，她一点都不吃，会原封不动地带回家给弟弟吃。平时家里人要弟弟干家务，她都帮弟弟说话："他还小，我来干吧。"她生病之后，弟弟就被外公外婆带回了老家，而她留在这边，跟爸爸妈妈在一起，她会经常主动跟弟弟打电话，不过，弟弟大部分时间是不接的。

家人很鼓励她这样的"小大人"的作风，比如：因为父母开工厂，旺季的时候需要两个孩子帮忙打包，她一天站五六个小时，勤勤恳恳地认真干活，不管父母在不在，都绝不偷懒。弟弟却是另外一个样子，到干活的时间，就躺在一堆包装袋上睡觉、玩游戏，爸爸妈妈看见了，便会说："你看你姐姐多勤快，你这么懒。"说归说，弟弟依旧躺着，一动不动。

生病之后，家人对她的态度有了很大的转变。弟弟也被送回了老家，由爷爷奶奶带着在老家上学。父母原本是开工厂的，全年无休，赶货的时候要加班到深夜，两个孩子基本都是外公外婆来教育。老人家经常跟父母汇报两个孩子的表现，听到谁表现不好，父母一般都是回来打骂教育一番。现在，爸爸妈妈，特别是妈妈，几乎天天陪着她，主要的工作就是带她到各地看病，甚至各种偏方也都尝试了，她都非常配合，认真按照医生说的去做。妈妈对待病中的她几乎是有求必应的。因为她吃饭少，也会千方百计想办法哄她吃饭，妈妈有时候会抱怨："她生病之后好像变幼稚了、任性了。"不过，这并不妨碍她每次跟妈妈一起出现，都开心幸福，靠在妈妈身上，撒着娇。

曾经有医院怀疑她是癫痫发作，医生便郑重地告诉她，要忌口，很多东西不能吃，她严格遵守。她说："我现在只能吃油和盐，不能吃其他调料，不然就会头晕。"而且这个正处于身体发育期的女孩，每顿饭吃得也很少，说很少觉得饿，也没有特别喜欢吃的菜，吃饭对她而言是完成任务。同时，因为总是会不定时地头晕，家人担心她在外面发作晕倒，所以现在她几乎不出门，只是偶尔跟着爷爷奶奶外出买菜，每天大部分时间都是在家看电视，仿佛过着老人家的退休生活。

她说："生病之后，我看到外婆因为担心着急，都哭了。"我问："以前没看到过吗？"她摇摇头："至少因为我的事情是没有的。"她也不无失落地说："现在弟弟不在又觉得很无聊，没人陪自己玩。以前他总是跟我抢遥控、抢电视，我觉得他很烦，现在没人抢了，自己一个人看好像也没什么意思。"

不过，她依然愿意过这样的生活，她的头晕总是不时发作。她原本没有被满足的愿望，通过生病完全得到了满足，她因此真正体验到做孩子的快乐，并乐此不疲。

第二个孩子更特别，她每到考试之前就犯病，平时吃喝玩乐，都好好的，这病来得让人摸不着头脑。

第一次犯病是在小升初考试前。考前一周她突然发起高烧来，退烧后逐渐出现表情变呆的情况，回到学校后，跟同学相处时反应迟钝甚至没有反应。她总是显得意识不清，昏昏沉沉，当然也听不了课，做不了题目，同学老师都觉得奇怪，无法理解，劝她回家休养。回家后，情况更糟，她基本不说话，除了吃饭，其他时间都在床上昏睡，严重的时候连洗澡、换衣服都要家人帮忙。结果小升初的考试她也没考，直接排位进了初中。这之后就更奇怪了，虽然上了初中，但每到考试时她都会准时犯病，上了两年初中，只参加了一两次考试，老师非常无奈，只能摇头叹息。

后来，她在学校跟同学越来越难以相处，因为体型稍胖，经常被同学说"肥婆"，在跟唯一的好朋友闹翻之后，她以"老师讲课太慢，还不如在家自习"为由，直接改成在家学习。老师因为她的病也对她特别宽容，基本不管她的考勤，对她回校与否也很少关注。她便果真在家学习起来，甚至比班上一半以上的同学都学得好。不过，她大部分考试仍然是不去的，每到考试之前也必然犯病，整个人迷迷糊糊，昏睡不醒，眼神呆滞，仿佛灵魂被人抽走了一般。

她来见我的第一句话也特别有意思："我不觉得我考试有压力，我觉得自己学得挺好的。"我看着她，微笑着说："我没有说你学得不好啊。"接着，她便滔滔不绝地说起家人对她如何好，如何宠溺她，强调从小到大，她想要的东西几乎没有要不到的。她又补充说："即使当时不愿意给我，我撒一下娇，发一下脾气，还是能得到的。"她又举例子："特别是妈妈，真的是把我当宝贝一般，我长这么大，从来没有自己吹过头发，都是妈妈帮我吹，我到现在都还不会吹头发。"我望着眼前这个初二的学生，心想：原来她还不会吹头发。接着我又继续听她讲下去。她又证明给我听，家里另一个人也对她很好："姐姐小时候觉得家人偏心，偶尔会欺负我，但是现在她长大了，懂事了，现在也很宠我。"是的，她有一个大她十岁的姐姐，跟父母一起，履行着对她的教育责任。

我满心疑问，很少有孩子来到我这里跟我讲她家人对她如何好的，更多的是倒苦水，或者直接表达希望我去教育他们的父母一番。在孩子的观念里，心理医生是可以作为帮手的。她完全不同，跟我这样一个陌生人讲许多家人的好，那她到底想表达什么呢？

说起学校来，她却完全是另一种口气，异常愤怒。因为长得较胖，好几个调皮的男孩子给她取绰号，几乎忘了她的名字。想了想，她又说："平时他们找我就是为了抄作业，让我买东西给他们吃，他们都很现实。"接着说："我们班都没几个人是想学习的，教室里整天闹哄哄的，我想学都学不进去。"想了想，又说："老师也不怎么管我们，上完课就走，我趴着睡觉，一上午都不听讲，老师也不管。"接着，她补充了一个重要的信息："我隔一段时间会回一下学校，但是老师、同学好像没看到我一样，也不问候我一声，老师也当我不存在一般，照样讲她的课，我回不回班级，跟他们一点关系都没有。"她分析的理由是：可能老师觉得我的成绩一般，不想管我了，只要我不给她添麻烦就算了。我问："老师不是怕管你吗？"她很惊讶，立刻否认："怎么可能，她怎么会怕我？"

她希望老师、同学是重视她、在意她的，只是，当他们将注意力放在她身上的时候，她又不知如何去面对这样的在意。

初一时，语文老师是班主任，脾气很大，经常骂大家，但对她很看好，就让她当了课代表，她需要记不认真完成作业的同学的名字。她老老实实地记了，交上去，那些同学少不得挨一顿臭骂，同学就埋怨她："老师说什么你就听什么，死脑筋，一点都不知道变通。"她心里很委屈，不过也不会当着同学的面说，在同学面前她都是和和气气的，不说半点重话，也从不发脾气，情绪都压在心里。加上长得胖，经常有同学取笑她，她不知道怎么应对，减肥又减不下来。某一次因为犯病隔了一段时间再回学校，她发现同学们好像突然没有了说她的兴致。她觉得自己找到了应对方法，并且屡试不爽。

来治疗了两三次之后，她认为自己完全好了，便中断了治疗。

在中断治疗约半年后，她的母亲再次联系我，反复劝说才将她带过来。不过她一坐下来便话不停口，基本不需要我问问题自己就滔滔不绝地说起来。她不观察我的表情，一直低着头玩沙子，说自己想到的话题。她说得最多的是自己这一年都没怎么去学校，每周最多去一两天，但是成绩出来在班上都是中上水平，同学都很佩服她，但她并不满意，觉得自己的水平不只是这样，她希望考得更好。她还跟我描述她在病中的状态：整个人都是迷迷糊糊的，不知道自己说了什么做了什么。每到考试时她就会发病，现今只有一次月考去参加过，当时也是发着病，人迷迷糊糊的，都不知道自己怎么进的教室，怎么做完的考试题目，但是成绩出来还不错。因此她觉得自己有天分，学东西比别人快，但就是懒，不想做练习题，看一下书觉得懂了，就算了，很少做作业，老师也不管她。言下之意，如果她认真学，成绩一定不得了。

有时候，她会突然带着失落的语气说："班上大部分同学都是不怎么学习的，特别是男同学，比女生的成绩差很多，但他们除了学习不好，其他方面都很厉害，比如很会组织活动，打篮球也很厉害。而自己除了成绩好一点外就没有其他的优势了。"所以，学习成绩，于她而言，是全部的自尊和信心的来源。

接着，她又补充道："但是我真的不觉得考试有压力呀。我很喜欢考试的。"我心想：你当然感受不到压力了，你的身体帮你表达了，简单直接，不用经过大脑神经去体验，因此没有焦虑和痛苦。而且，身体还直接瘫倒，以至于"无法自理"，都无法自理了，当然就无法考试了。不去考，就不会考差，就不会失败，就能不断告诉自己：我如果认真做，成绩一定会惊到所有人。当然，我并没有将这些话说出口，我明白这样的防御对于她的意义，她不想去面对，她用生病这个壳把自己包裹起来，是迫不得已，也是沉迷其中而无法自拔。

有人可以一病病十年吗？全身不痛不痒，身体健康地"病"十年？还真有。下面这个女孩子就是用生病这个"防御"来获得关心和照顾，且一用就是十年。

这个女孩子来见我的时候已经二十多岁了。她十四岁时一个人回老家上初中，一直以来生活在城市的她回到老家后显得有些格格不入，后来跟舍友发生了较大冲突。之后她便一直情绪不稳，容易惊慌，某一天临睡前突然非常紧张、大叫大喊，随即晕倒约数十秒后自己才醒过来。家人连夜驱车赶来，将她带到医院，随后帮她办了休学。自此之后近十年的时间中，她都一直在吃药，没有再回校上学。她也曾尝试外出工作，不过好几次都因为与同事或者老板发生冲突，做了不到一周便辞职。十年的时间，她都待在家里，且任性，与家人矛盾很大，喜家人迁就。曾经因为跟家人争吵而离家出走，第二天自己回来，刚进家门就突然晕倒，约数分钟后自行醒来，说自己不愿意吃东西，又说下肢没有知觉，不能走路，坐着轮椅被送入医院。

她很乐于见医生，每次治疗都非常积极。第一次见她的时候，这个二十多岁的女孩子，主动要求摆沙盘，这是非常少见的——成年人喜欢沙盘的很少。她花了很多时间精心挑选，选择不同的人物沙具代表家里的其他成员。这是一个大家庭，尽管全部子女都已成年，但全都住在一起。她有一个姐姐两个弟弟，都在自己做生意。她选择能体现每个成员特征的沙具，边选边跟我解释。最后，她选了一块很小的石头放在旁边，看了我一眼，说："这是我。"我一时想不到合适的话来回应，只是带着惊讶望着她，她略带悲伤地说："我在家里是非常渺小的，可有可无。"她说自己跟家里人在一起，不知道应该说什么，家里的兄弟姐妹都有在家中存在的价值，有自己的工作，能挣钱贴补家用。只有自己生着病，不能工作，又不知道怎么聊天，在家里自己就是多余的。

转念一想，她就突然说起对家人忽略自己的强烈不满，认为自己有能力工作，也有能力帮姐姐弟弟分担工作，是家人不相信自己，但又马上改口说错误都在自己身上，自己确实很懒散，一点小事都做不好。比如说吃药，一定要家人帮自己分好，自己吃就会吃错。又比如没人叫自己起床，自己就不知道睡到几点，可能一天都不吃饭。有一次姐姐让她帮忙算个简单的账她也算错了。她对自己的检讨总是很深刻。

每一次过来，她都首先把上次摆的代表家人的沙具找出来，再把代表自己的石头找出来。有几次我尝试鼓励她："你要把自己换成跟他们一样的人物沙具吗？"她立即拒绝，说："我跟他们是不一样的。"接着她又马上替家人解释："他们都很忙，不是故意忽略我的。"她总是很矛盾，小心翼翼地求着关注，不敢有愤怒、抱怨。

她从小就热爱学习，但小升初发挥失常，没有考上重点初中，所以选择回老家上学，初中一年级时第一次发病。她感觉家里有点重男轻女，父母在自己小的时候生意做得很大，总是很忙，有时间也更多是陪两个弟弟，平时对她关心很少，跟她说话一般是这样："你怎么连这点小事都做不好？来来来，我来。""房间乱成这样也不收拾一下，亏你还是女孩子！"被挑剔成了她每天的功课。当然，父母也会跟亲戚朋友炫耀一下她的成绩，但她很清楚，那不是关心。只有一种情况是例外：生病。生病的时候父母对自己最关心。印象最深刻的是自己初中在老家上学，有一次不舒服，实在忍不住了，就给家里打电话。家人放下电话，大半夜开了五六个小时的车赶回家看自己，嘘寒问暖，紧张得要命。她说："我至今都记得父母看到我身体不好时那种担忧和怜爱的表情，好感动。"我问："那平时呢，平时他们是什么表情？"她因陷入回忆而陶醉的眼神一下子黯淡下来，停了一会儿她才说："平时只有嫌弃，恨不得从来没生过我。"

确实，她的母亲不止一次当着她的面说过这样的话。

她有一次将所有的星星及水晶石都倒在沙盘中，又挑了一栋别墅模样的房子，摆在装饰好的地方，旁边有一辆豪车，她说这就是她理想的世界，希望跟所有家人一起住在这里，并且能跟家里人和睦相处。关于车她有特别的说明：她不会开车，家人不放心她去学，但两个弟弟都会，这样就可以带她和一家人一起出去玩。后来我才知道，当天是她的生日，家里人一起来给她过生日，她非常高兴，觉得家里人对她还是重视的，还是记挂着她的。

后一次，因为手机的问题，她跟妈妈吵了起来。她愤愤地说："他们就是不信任我！还把我当小孩子看待，什么都要管！"接着，她在整块的沙盘里，只摆一棵草，凄凉地说："这就是我。"我问："你家里人呢？你不是要跟他们一起生活吗？"她带着哭腔说："家人都不见了，只剩我自己孤单地生活。"接着就滔滔不绝地自我贬低起来：不能工作，在家中地位卑微，对家人没有意义，自己出事了家人也不会在意。我将她从这种情绪沉溺中拉回来："几天前他们还开好几个小时的车，专门过来给你过生日，当时你不是很开心地跟我说他们对你很好吗？"她低着头，不说话，不否定，也不接受。她对家人的感受总是在两极间摇摆，小心翼翼地等待着家人看到自己，关心自己。一点小小的信号，便会让她陷入无尽的自我否定中。

这是一个彼此分不开，却情感交流异常少的家庭。全家人的生活作息基本都是日夜颠倒的，家人基本不会在同一时间吃饭，都是在想起床的时候起床，接着做自己的事情，平时交流也较少。她希望家人能够更多相处，更加和睦。她记得很清楚："有一天，我早早起来做了一家人的早餐，结果叫他们都叫不起来，后来大家起来了，什么都没说，就若无其事地吃起来。"此后，她再也没有早起过，也不愿再给家人做饭。

她说："我病了十年，一直像行尸走肉一样生活，但我吃不了苦，也工作不了，只能依赖父母。"我试探着问她："如果某一天你的父母不在了怎么办呢？"她马上转移话题，装作没听见。我理解她的回避，大约这个问题也是她自己所恐惧的，只是现在，她还不愿意去想。她躲在"病"的躯壳里，无论外界发生什么，大家怎么敲门，她都充耳不闻。

她好几次满脸带着光地跟我讲起生病之前的自己：当时成绩很好，又是班花，同学老师都很喜欢自己。她骄傲地说："我从小就很聪明，成绩也好，别人要花很多时间学的东西，我很快就能学会。"那时候她是学校的风云人物，大家都认识她，她每天都盼着去上学，家里人也都夸她乖、懂事。我看着现在因为长期吃药，加之较少出门，几乎不运动而发胖明显的她，才二十出头的年纪，平常的精神状态，真如她说的如行尸走肉一般，看不到一丝生气。我轻声问她："你怀念那时候的自己吗？"她倒很想得开："没什么好怀念的，那都是过去的事情了。"不过，她仍然不时地谈起，仿佛是要证明自己也曾优秀地存在过，生机盎然地活过。

对于自己的未来，她非常消极，说她对婚姻不抱期待，不相信有人会真的喜欢自己。她说："我不可能过正常人的生活。"因为自己曾经一个人出去，突然发病，眼前发晕，摔伤了腿，从此以后家里人都不敢再让她单独出门。

她不止一次地跟我说："只有我生病的时候家人才会看到我，重视我，我好的时候在家里都是透明的，所有人都当我不存在。"我平静地说："所以你的病不能好，对吗？"她呆呆地看着我，没有回答。

写在后面的话：

很长时间里，我总是不理解这些孩子，我也经常问他们："打针吃药不难受吗？""不担心自己的病好不了吗？"他们总是回答得很干脆，"还好"。什么时候会难受？当家人观察出他们这个病的"特殊性""目的性"的时候，紧接着"装病""逃避""矫情"……种种指责扑面而来，他们会无比失望和委屈。只是，大部分的家长无法百分之百确认孩子的"心病"究竟是不是装的，因此，相较于孩子健康时，会更加谨小慎微，对孩子也会更加关心，所以孩子还是"获益"的。

需要通过生病来获得关心和关注，说起来很悲哀，但这跟我们以往的观念有关。直到如今，我们仍然觉得只有身体不舒服时，请假、休息、脆弱才是可以理解的。如果一对父母异常忙碌，孩子直接跟父母说，"多关心我""多关注我""多陪陪我"，大约也会被贴上"不懂事""娇气""矫情"的标签，最后很大可能是不能如愿的。必须穿上一件"马甲"，来表达内心的需要，才会被人接受，名正言顺地享受关心和照顾。就像《红楼梦》中描写的那样，规矩众多的大家族里，有了心里不平的事是无法正常表达的。比如贾珍之妻得知丈夫做了糊涂事，她什么也没说，也不敢说，就"心疼病犯了"，从此卧床不起，诸事无法料理，不用出席重要场合，不用到婆婆面前立规矩，即使家里乱成一锅粥，她也可以心安理得地躺着，没人敢有半句责备。可要是她直接表达自己心里接受不了，委屈、愤怒，什么都不管了，那上上下下的族人，大概会把"不孝""不识大体""做作"的帽子都扣给她。

很多人不善于直接表达情绪和感受，也不太接受对感受的表达，觉得那样"矫情"，殊不知，很多情绪、需要，都要用嘴巴表达出来，在得到满足和关注之后，才能真正消除，压抑只会适得其反。

心理需要，跟身体需要一样，同样应该被尊重和照顾。

故事十五　越保护，越自卑

　　每一对父母，心中都怀揣着一个共同的愿景——给予孩子最好的一切，无论是物质上的满足、教育上的支持，还是情感上的温暖与陪伴。在这份深沉的爱中，他们更不忘给予孩子最大的保护。小时候，保护孩子不挨饿受冻；上学后，保护孩子不被人欺负；交朋友时，要时刻警惕，生怕孩子身边出现坏朋友；甚至于，孩子到了一定的年纪谈恋爱了，父母还要去多方考察孩子的恋爱对象，以此来保护孩子免受伤害……

　　这是最伟大的父母之爱。

　　但同时，这种爱，也是一种束缚。

　　在这个独生子女越来越多的时代，这样的父母我们时时可见。并不是说这样做有错，只是说父母这么做是出于本能，而少了些许理性的成分。过度保护之下，造成孩子的自信心极度脆弱，以及由此带来的难以掩饰的自卑。

　　第一次见这个孩子的时候，我着实碰了大钉子，他耷拉着头，面无表情地走进治疗室，全程瘫在沙发上，一副你想问什么快点问，问完我好去睡觉的样子。不过，他明确表示，自己不抗拒心理治疗，只是不相信心理治疗。我苦笑着坐在那里，硬着头皮继续跟他交流。他用低沉而压抑的声音讲述，觉得自己的人生没有希望了，觉得父母很烦。

　　他说："我已经休学两年了，现在上不了学，以后就不可能有前途

185

了，而且我长得也不好看，你说，我这样的人活着有什么意义？"说完，他忧伤地望着我，眼里满是绝望。他很坦然地说："两年时间大部分都是在家里打游戏，这样的日子我不想再过下去了，即使治好了病生活也同样没有出路，只是浪费时间。"听着他满口消极的表达，我的脑子飞速地转着，想找到一些积极的因素去改变他的绝望，却是徒劳。我只能安静地听他讲。他说了一个逗乐我的想法："医院不让我请假回家，所以我要绝食抗议，我已经一天一夜没有吃东西了。"我突然明白他的沮丧和虚弱，原来还有其他原因。我郑重其事地跟他说："在医院绝食可不是个好办法，你不知道吗？"他被我吸引了注意力，抬起头，等着我回答。我慢慢地讲给他听，医院有种种可以让他保持营养、让他吃饭的办法，他不置可否地听着，说话的语气有所缓和。

我突然对他有了更多的信心，他可以听旁人的意见，就代表他那些极端的想法还有转机。他其实很需要与人交谈。他谈起了他的家庭，表示现在父母天天陪着自己，束缚着自己，让自己很烦，当然，直到最后，他也坚持认为，心理治疗对自己意义不会太大，不过，我深感荣幸，他没有拒绝继续治疗。

第二次治疗的时候，他的态度有了明显的变化，他告诉我其实他很怕跟人交流，第一次跟我说话时很紧张，只是表面强装无所谓，又说那天治疗完回去就乖乖吃饭了，因为怕被插胃管。与此同时，他还和我分享了一个自己的小秘密。他说，刚上初一时，他和一个女生的关系很好，他喜欢和对方一起聊天，觉得和对方待在一起时很舒服。他想进一步拉近两人的关系，但这个女生却表示，只想专心学习，不想被别的事情分散注意力。听了女生的回答，他显得很沮丧。之后很长一段时间，他变得消极又低迷，一遍又一遍地否定自己，整日郁郁寡欢。我问："你认为自己很差吗？"他像被刺中了要害，头更低了，说："嗯，我现在都不敢照镜子，总觉得自己好丑，而且现在也上不了学，他们很快就要升高中了，而我却沦落到要住院的地步。我觉得这样的自己，活着一点意义和价值都没有。"又绕回了他坚持不懈的自我否定，他列举了几十个自己的缺点，说自己脸长得丑，人也长得不高，最近又长胖了，上不了学，不会说话……而优点，他想都没想就说："没有，一个都没有。"

但是据我所知，他在休学前成绩一直名列班级前茅，而且天生聪明，学什么都很快。他还是学校足球队的队长，代表学校去过很多城市参加比赛，在足球方面有一定的天赋。就连打游戏，他也能够用比大家都少的时间，打到更高的水平，甚至在休学期间，他还想努力提升技术，去打职业赛。在人际交往方面，他在休学后一直拒绝与同学联系，同学一直希望继续跟他做朋友。但此刻坐在我面前的他，完全看不到这些，他像是戴着墨镜，只能注意到那些让他不满的黑点。而那次的失意，就成了他状态的转折点。此后，他的人际交往能力急转直下，渐渐演变成了社交恐惧，觉得别人看自己的眼光都带着嘲笑，在教室里他每分每秒都如坐针毡。女孩后来得知他状态不好，也曾鼓励他，但他屏蔽了所有的信息，把所有的关心都当成是同情，是对他更深的贬低。他的信心，在这时全线崩溃了，拼都拼不起来。他说他以前还挺自信的，目标一直是做最优秀的那个人，德智体美劳全面发展的天之骄子，看不上堕落的人，成绩差的人，没想到自己也会有今天。

当然，我并不相信他以前是真正自信的。

所有这些情绪，逐渐演化成了愤怒，而他的愤怒，大部分是朝向自己的，怨恨自己懦弱，觉得自己生病丢脸，于是觉得结束生命似乎成了一种解脱。另一部分愤怒便转化成了对父母的怨恨和攻击。他觉得父母只会在金钱上无条件满足自己，自己也能在这方面掌控父母，他的原话是："我的父母看起来很关心我，但那些关心都不是我需要的，我很想跟他们分开。"我于是问："那你会告诉他们你需要怎样的关心吗？"他摇摇头："不会，跟他们说不通。我已经不相信他们了。我说什么他们都不会听的。"

这与我的印象大相径庭。

这对父母非常通情达理，是早期的重点大学毕业生，待人接物总是让人很舒服。在治疗进行大约半年的时间中，孩子的变化都不大，但他们非常配合，每次都准时来，开将近两个小时的车，做一个小时的治疗，再开两个小时的车回家，从不迟到，很少修改时间，是理想的来访者。

在近半年中，他的变化都不甚明显，仍然很少出门，大部分时间都待在家中，无所事事，对现状有很多不满，完全没有动力去改变。他有很多理由拒绝出门：太胖、发型不好看、怕别人问自己为什么不上学……听起来理由很充分。妈妈从他不上学后便辞职在家陪伴，他不用分担任何家务，亦不觉得家务与他有任何关系。他的爸爸每次都毫无怨言地开车送他过来，在楼下静静等待他治疗结束，从未抱怨过累或者距离远。在那么长的时间中，这对父母从未抱怨过治疗效果不好，从未表达过对我治疗进展不大的任何意见，每次见到我总是笑容可掬，前面的治疗拖延了时间，他们也从不生气，反而询问我需不需要休息，要不要先喝水。要知道，在我的经验中，这是很难遇到的体谅。

这个孩子在来找我之前，曾在家中待了整整两年，几乎闭门不出，只偶尔在晚上会出门走走，且局限于在小区楼下转转，不敢去任何人多繁华的地方。他形容自己为"见不得光的鬼"，每天日夜颠倒，昼伏夜也不出，头发养得很长很长，自己也看不下去了，但又非常在意形象，不能忍受自己或者家人随便剪。那时的他非常敏感脆弱，常因为某天起来看着镜中的自己，觉得太丑而哭泣。他不敢出门去理发店剪，无奈，父母只能花高价将理发师请到家里来，专门给他剪。他要的东西，父母都尽量满足，看到他心情好的时候就像哄小孩子般哄他出去走走，整整两年他都是这样度过的。在青少年问题方面也算是"见多识广"的我，仍然忍不住惊讶，我问他："你爸爸妈妈不着急呀？"他说："我估计他们也着急，但是他们很少催我。"因此，当我告诉这对父母，孩子可能要做长期的心理辅导之后，他们没有任何的迟疑，说他们不着急，两年都能等，要急的话早就受不了了。

我佩服他们的耐心。

这是一个普通的工薪家庭，但是这个孩子跟我说，他非名牌的鞋子和衣服不穿，因为喜欢足球，他喜欢穿喜爱的球星代言的鞋子，房间里有一个专门放鞋子的区域，全部都是他珍藏的限量款，加起来价值大约有十万元之巨。但他并不觉得父母舍得为他花钱，他曾经因为父母没有给他花五千块充一款游戏，而向我投诉，大骂父母吝啬。他的原话是："五千块又不是很多钱，而且他们都答应了，后来又说最近手头紧，不给我买了，我能不生气吗？"我哭笑不得地看着他，他的话中充满孩童的天真和理所当然。他的愤怒，也如此直白和不容置疑："不想给我买就不应该答应我。"于是我笑着问他："莫非他们非答应不可？"他立即否认："怎么可能，不答应我又不会把他们怎么样。"我看着他："真的吗？"他沉思良久："可能他们怕我发脾气吧。"他说，"我也不知道为什么，他们不答应我的要求我就很生气，很想发火，我生起气来的样子自己都觉得恐惧，但就是控制不住。我现在只想问他们要钱，只要给我钱，什么都不要管我是最好的。"在他的眼中，父母给他钱便是爱他的表现，他曾不无悲伤地说："他们不能理解我，我也很难跟他们好好相处，既然如此，我就只要钱好了。买了喜欢的东西我也很开心。"

当然，我们知道这种关系的恶化并非一天形成的，在他面对学校打击的这个过程中，他对父母的失望逐步积累。但是他坚持不愿意跟父母说自己的想法，觉得他们理解不了，也觉得开口跟他们说心里话很奇怪。

他不是富家子弟，却过着富二代的生活，通过各种办法得到钱，但是仍觉得孤单、自卑。

他曾肯定地说："爸爸肯定不喜欢我，妈妈我不确定。"他一直拒绝做家庭治疗，他强调跟父母坐在一起很奇怪。好在，随着治疗的进展，他会主动要求我跟他的父母沟通，转达他的想法，我乐于去做这件事情，而这对焦虑的父母，也需要知道孩子的真实想法。

这中间发生的一段插曲，让我对于这个孩子，以及他的家人与他的互动方式有了更多的了解。他通过网络，认识了一个女孩子，他说对方会在自己心情不好的时候安慰自己，让自己心里安稳很多。他很坦诚地给我看他们之间的聊天记录，一边不好意思地笑。他跟我讲述他们相识的经过，是对方看到自己的信息后主动加自己的，这让他很受宠若惊。他一直觉得自己不善于和异性相处，只是深入交流下来，他发现彼此有很多共同点，让自己有交到朋友的感觉。他每天都庆幸着这样的相遇，只要跟女孩在一起，他就觉得生活充满了希望。

不过，随着深入相处，双方的分歧也逐渐明显。对方情绪变化很大，高兴的时候会主动找他，有时候又会莫名其妙地生气，说他烦，对他的态度会随着心情的起伏而改变。他开始惶惶不安起来，总感觉很忐忑，有时候生气也会删掉对方的微信，不过，气消了又会加回对方。他说这是自己两年中交到的第一个朋友，有她陪着自己就觉得很安心，也很开心，自己可能喜欢对方，也可能只是依赖对方，但是又很怕自己会离不开对方。他说："我觉得自己现在就像小孩子一样，有人陪就开心，就对生活充满希望，想要改变自己；没人陪就很不知所措，莫名烦躁。"

我看到了一个孩子内心的孤独。他渴望有人陪伴，为此心烦意乱，坐立不安。

我曾见过一个十五六岁的女孩，让我对孩子渴望陪伴的需求有了更深刻的了解。这个女孩逢人便说自己有一个很好的朋友，名字叫"小雪"，两个人总是形影不离，对方会在她需要的时候随时出现，跟自己聊天，鼓励自己面对困难。进而，她跟我详细描述"小雪"的长相：圆圆的脸，长得很可爱，喜欢穿裙子，总是打扮得漂漂亮亮的。她喜欢跟"小雪"出去玩，两个人从来不吵架，总是有说有笑的，真是一对令人羡慕的闺密。然而，她的家人却告诉我们，她根本没有这样的朋友，也没有任何人见过她的朋友，她在学校都是独来独往的。如此诡异，让所有人都措手不及。她倒是很坦然："我的朋友是住在我的脑子里的。"她眼中的"小雪"是完美的，随时随地都陪在自己身边，跟自己聊天，小雪很专一，绝不会离开自己。她不愿意吃药，担心吃药会赶走小雪，剩下自己一个人，不知道该如何生活。她对小雪非常信任，彼此之间没有秘密，她对小雪非常依赖，一时听不到她的声音就会心生不安。现实生活中没有人能替代小雪。她最理想的生活就是有一个属于自己的房间，拉上窗帘一个人待在屋子里，跟小雪在一起生活，不被人打扰。她不敢也不愿意跟外界接触。

她现实中的人际关系是另一番模样，因为性格内向，较少主动与他人接触，同学跟她都比较疏远。"身边的人都不理解我，觉得我很奇怪。"她神情忧伤地说。一谈到小雪，便转变成另一种表情，脸上都是幸福的笑，一脸满足的样子。她用轻快的语气说："我更像小雪的姐姐，小雪经常会闹脾气，不开心，我就要哄她，但我从来不会生气，我很愿意去哄她。"我问她："小雪跟你现实中的同学最大的不同是什么呢？"她想了想，脸上都是单纯的笑："小雪随时都在，永远不会离开，身边其他的朋友做不到。"是的，这个"朋友"只要她愿意，便会永远陪着她，赶都赶不走。接着，她又说："我在学校宿舍跟舍友也是像妈妈一样跟她们相处，事无巨细地照顾她们，管着她们，她们就会嫌我烦，疏远我。"我很好奇，问她："她们都比你小吗？怎么你要当她们的'妈妈'？""不是啊，我们一样大，我就是觉得她们太幼稚，忍不住去照顾她们。"付出不被理解，甚至还让同学疏远自己，她着实想不通。

我很少见到把幻想中的人物描绘得如此生动，又对幻象如此依赖的孩子。我曾问她："你不怕吗？不怕自己病得越来越重吗？"她很肯定地回答："不会，我现在过得很开心，小雪出现之前我很痛苦，现在每天都很开心。"她用自己的办法完成了自救。她也说："我有时候也分不清楚小雪和我是不是一个人，但我喜欢现在这样，总比我一个人孤独好。"

孤独，伴随着她的整个成长过程。

她的父母在农场工作，每天工作时间很长，从上幼儿园开始她就被送去住校，周末也不回家，是在亲戚家寄住，父母一个月才回家一次，除了给自己钱，很少有其他交流。父母没有时间，也不觉得需要去学校看她，在家的时候，父母也将更多的注意力放在弟弟身上，弟弟会跟父母告状说她欺负他，父母不问青红皂白，就会将她打一顿。她不止一次跟妈妈说明真相，但妈妈从不相信她的解释。

现在爸妈把她接到了身边，但平时工作很辛苦，回到家大部分时间都各自玩手机放松，很少关注她。她有一段时间心脏出现问题，爸妈也没发现，现在心理上出了问题，也是自己告诉爸妈，爸妈才带自己来看病的。"我的情况他们一点都不了解，我也很难跟他们亲近。"她仍然笑着，淡淡地说。妈妈说："我也不知道如何跟孩子相处，该说什么，该做什么。"这个母亲，虽然在身份上成了母亲，但内心却完全没有作为母亲的心理转变。这对母女，看起来像是母女，却彼此陌生，相处别扭。我于是想，与其说"小雪"是她的朋友，不如说更像小时候的"她"，她尽心尽力地照顾"小雪"，"小雪"发自内心地依赖她，她在自己的内心中完成了对过往缺失的弥补。

只是，我们故事中的这个男孩，我总是疑惑，他的爸妈从小到大都陪在他身边，关注他的一举一动，恨不能保护他免受所有挫折，他的孤独又是因何而来呢？

让我意外的是，对他一向耐心冷静的父母突然频频出手干涉他的交友。他们首先是做儿子的思想工作，为其分析对方的种种不好，这时的他哪里听得进去，对父母的反感加重，只要父母一提到那个女孩，他便立刻要把他们从自己的房间里赶出去，完全不留余地，妈妈便审时度势，挑选其心情较好的时候委婉地劝解。而这个孩子的爸爸比较简单直接，有一天，爸爸滔滔不绝地大谈女孩的种种不好，将对方的人品贬低得一文不值，之后他竟然动手打了爸爸。爸爸还手，双方扭打起来，家人好不容易才找邻居拉开双方。不过，据他后来说，自己其实没受什么伤，爸爸的脖子倒是伤得一个星期都动不了，还去拍了片，可见，父子之间，是有"真打"和"假打"之分的。

到底对父亲的愤怒是怎么来的呢？他想了很久，仿佛下了很大决心似的，终于开口跟我说："我没办法上学那段时间，也不敢出门，看不到人生希望，心里很痛苦。有一次爸爸开车带我出去，我忍不住跟爸爸说自己不想活了。"停了一下，他用很低的声音说："爸爸很生气地说：'你想死就去死！'说完后爸爸便沉默不再说话。"我理解他当时的绝望和所受的打击，也理解爸爸在听到唯一的儿子这样说之后的心痛和不解，只是，他们都没有将这些背后的情绪表达出来，呈现给对方的只有愤怒。原本最信任、最爱护他的父亲，竟然叫自己去死，这加重了他的心灰意懒和绝望，从此就跟父母疏远了。那次跟爸爸打架，与其说是为女朋友打抱不平，不如说是借机发泄自己内心的愤怒。

父母跟他的物理距离很近，心理距离却很远，为怕他受伤害而干预他与女性朋友的交往，却也表明了不相信他有自己处理问题的能力。在他绝望的时候，父母更加焦虑绝望，无法给予他积极的鼓励和支持。他希望有人理解，希望有人能相信他的能力，能从内心层面陪伴他。

让我意外的是，不久之后，他再次回来找我的时候，告诉我："我已经不和那个女孩联系了。"惊讶之余，我多少有些遗憾，我想，如果他能在这个过程中去学习如何处理与异性的关系，学着相信自己有应对问题的能力，那将是一次难得的成长机会。他说："我觉得她早晚都会离开我的，我害怕受伤害。"显然，父母以保护他的角度对他进行的教导，起了作用，他原本就忐忑的内心更加不安起来。为了应对这样的焦虑，他再次选择逃避。爸妈很开心，终于安下心来，松了一大口气。

现在，这个孩子也如父母般乖巧、配合，每次都准时前来，有问必答。当然，我能感觉到他是信任我的，愿意把心里话跟我说。我曾问他："你来做心理辅导最主要的目的是什么呢？想有什么改变呢？"他说："我就是想找个人陪我聊聊天，我觉得跟你聊天挺好的。"我又问："来到什么时候为止呢？"他答："来到你告诉我，不用再来了为止。"这是一个完全超乎我想象的答案，我从来不知道，自己对于一个孩子竟然能有这样的权威，我自诩咨询风格一直都是轻松、灵活的，不少孩子能在我这里表达他们的诉求，但是我没想到，这个孩子却坦承，他会完全按照我的"指示"行动。我问他："你不觉得这个是可以跟我商量，我们可以共同决定的吗？""没想过，"停了一下，他补充说，"因为我信任你，我愿意听你的。"我忽然发现，自己并不是完全了解眼前这个孩子，他其实一直尽可能地用"听话"来维持着与我的关系。在他看来，信任一个人，就应该完全听对方的。当然，这也表示，信任一个人，就可以让对方代替自己做决定。

这便是他与父母之间的模式。父母保护他，不信任他的能力，他顺从父母，渐渐也不相信自己的能力，害怕自己做决定和选择。由此，恶性循环，他愈加离不开父母，也愈加自卑。

他们一家子都是好人，每个人就人品而言，都无可挑剔，父母几十年如一日地践行着为他人着想、做个好人的原则，而他，表面叛逆，实则也小心翼翼地与人相处着。

我不愿他再重复与家人之间这样的相处模式，因此，我再三向他澄清他在做心理治疗这件事情上的绝对话语权，鼓励他随时可以跟我表达他的想法，我绝不会因此对他有任何看法。同时，我也相信他对自己状态的评估。后来，他自己提出调整治疗的频率，改为隔一周一次，并且自己想办法用恰当的言语去说服父母，让父母相信他对自己的判断。我知道这个过程的不易，因为对他焦虑的父母而言，每周见医生更像是一种心理安慰和寄托，是他们自我安慰时一个有效的砝码，而他现在提出要更改，父母心里会想：他是不是不配合了？阻抗了？种种疑问，需要他去澄清，我也鼓励他以实际行动增强父母对他的信心。

我其实没有想到这次谈话对他的作用。对我而言，这只是正常治疗节点中的必要讨论，我并未期待有多大的收获。没想到，它却成了一个彩蛋。

鬼使神差地，那个和他断了来往的女孩子，竟通过各种关系，又联系上了他，并且表达了对他的欣赏。我知道，这是他内心期待已久的事情，他甚至不敢相信，竟会有人这么牵挂他。我跟他开玩笑说："看来这个女孩子注定是要来帮助你成长的，逃也逃不掉。"他有些不好意思地笑。父母再次如临大敌一般，百般请求我做他的工作，让他断了跟对方的联系。我尽可能让他的父母理解，他早晚要独自面对这样的事情，我们需要做的是帮他分析，让他学会去处理，而不是帮他做决定，让他回避一切危险。父母勉强答应观察一下，先不干预。

没有了父母的围追堵截，他跟对方见过几次面之后，便觉得没意思起来，平时在微信上聊天，他也说："她就是像说流水账一样，絮絮叨叨地跟我说她每天发生的事情，我们没什么共同话题，聊天也没什么意思。"之前山盟海誓、担惊受怕的感情，突然就变得鸡肋起来，渐渐淡了下去。最后，没有特别的仪式，双方就默契地互不联系，渐行渐远了。

他好奇地说："我以为我爸妈一定会阻止我，我觉得他们肯定是知道的，没想到他们什么都没说。"我答："他们应该是相信你能自己处理吧。"他没有回答，自顾自地摆弄着手中的笔。

这之后有一系列积极的变化发生，他初中时表白的女生再次联系他，他并未像之前一样敷衍对方，而是静下心来认真地跟对方聊。谈到各自的近况，他也不掩藏自己准备上中专的事，对方表达一直以来对他的欣赏和认可，觉得他即使读中专，将来一定也是优秀的，鼓励他坚持学习。

他再来见我的时候，带着腼腆的微笑，说现在已经开始补习了，虽然觉得有点难，但是自己并不像之前那么急躁，可以静下心来记单词，希望可以补完初中的课程，让自己九月份上中专的时候更加自信。当然，他仍对自己的状态不满意，但在人群中不再如之前一般焦虑，可以坦然地去想去的地方，觉得自己胖，就坚持运动减肥。他还总是对发型不满意，每次谈话，总要整理不下十次发型，每隔一段时间就会纠结换发型，会因有人说自己帅而高兴很久，因为别人的一句"最近长胖了"而难过好几天。不过，他对自己的评价更客观了，状态也更积极了。

他不再总是向父母要钱，而且鼓励母亲去工作，父母最欣喜的是，他会表达自己的诉求，不再用发脾气的方式，而是用实际行动去说服父母。钱不再成为他心理上最主要的支撑，他开始有点看不上全身上下名牌的同龄人，觉得他们肤浅。

我甚至说不清楚，他究竟是因何逐步转变的，事实上，他真的不断在成长。与这个孩子交流，我总有种看着婴幼儿蹒跚学步的感觉。他从不敢自己站起来，到相信自己能独自站立；从不敢往前迈步，一定要扶着父母的手，父母告诉他前面有危险他便远远躲开，到能够尝试自己稍走几步；最后，他终于能够昂首挺胸，自己抬起头自信地往前走。

他未来的路还很长，保护他不受伤害很重要，但是，放手，相信他能独自行走，仅仅在旁默默陪伴更重要。

微笑着，告诉他：你可以！

故事十六　颓废的孩子，是因为懒吗？

　　"你就是懒，你就是身在福中不知福。""你再这么颓废下去，你的未来就毁了，你要自己振作一点！""整天吃了睡，睡了吃，这么懒，还能不能行啊？"

　　……

　　这是很多家长面对整天赖在家里，不努力学习，不思进取，什么都不敢尝试的孩子通常的评价。看着孩子唉声叹气、死气沉沉的样子，父母恨不得一顿臭骂，好让他受到刺激，清醒过来，积极起来。

　　很多家长对这样的孩子有一个总结性的标签——"懒"。他们坚定地相信是因为生活太富足了，孩子没有危机感，没有压力，所以整天得过且过，颓废而懒惰。紧接着，便会滔滔不绝地陈述："我们像你这么大的时候，已经会帮家里煮饭了，已经要照顾弟弟妹妹了，已经能自己挣钱了，你看看你！"各种激将，只是孩子好像长在了床上，长在了计算机游戏里，长在了手机上，半步也不挪动。他们都很淡定，仿佛已经入定到另一重境界，刀枪不入，油盐不进。父母一谈起这样的孩子都是摇头叹气，满脸的无奈，所有的办法都已经用尽，孩子还是像一摊烂泥一样瘫在地上。

　　在心理学上，我们称这样的孩子为"没动力的孩子"。对任何事都不感兴趣，很少有兴奋的时候，看起来像年轻的"小老头""小老太太"，内心常是毫无波澜，年纪轻轻就看破了红尘一般，麻木地生活着。

这样的孩子，可不是"懒"那么简单。

这个孩子十三岁，来找我的时候已经在家里待了近半年的时间，起初过着日夜颠倒、以游戏为伴的生活，后来渐渐觉得游戏也没什么意思了。他很少跟家人交流，也基本不独自外出。有时候发呆，有时候睡觉，脸上没有特别悲伤的表情，也基本不发火，除了偶尔提一点要求外，基本不跟家人说话。他大部分时间都在睡觉，醒来稍微玩一下喜欢的游戏，便又困了，又继续睡觉。他从来不提上学的事情，也不看书，也不外出锻炼，也不找朋友，连走路都是慢吞吞的，鞋子在地上拖拉着，仿佛行尸走肉一般，每天过得浑浑噩噩，怎一个颓废了得。父母急得要命，打也打了，骂也骂了，无济于事，拿他没办法。

第一次见我的时候，能看出来他有明显的紧张，他很坦然："是我爸妈让我来的，他们觉得我情绪低落，沉迷游戏，整天都懒懒的，要我改变一下，我自己还挺享受现在的状态的，没觉得有什么不好。"接着，怕我没有理解他的意思，或者怕我还是觉得他的状态有问题，他又补充说："我从上初中以来大部分时间都处于比较低落的状态，对什么事情都提不起兴趣，但我并不觉得有问题。"我心里一沉，没有问题，没有求助意愿，治疗要如何进行下去？我只能尝试跟他沟通："做心理治疗并不代表你有问题，比如你内心有困扰，或者说有一些压抑的话想跟别人倾诉一下，都是可以的。"怕把话说得太绝，我又补充说："当然，如果你实在很抗拒，我们也尊重你的选择。"他的回答让我有点尴尬："我也不抗拒，也没有特别愿意，反正过来聊一下也可以。"我心里顿时凉了半截，打起鼓来。他索性自顾自地突然讲述起他的情况来："我小学时成绩是比较好的，上了初中之后排名有明显下降，我对学习要求比较高，定的目标完全无法达到，比较迷茫，后来就渐渐不想上学了。"他很习惯用"比较"两个字，不把话说得很确定，好像自己对自己的情况也不太了解。

我认真地听着他讲，他停一会儿，沉思一段时间，接着再说一小段。

他很少一口气说很多话，我问一个问题，他也回答得很简单。我跟随着他的脚步，断断续续地听他讲完了初中一年多的心路历程，整个讲述其实比较枯燥、平淡，因为他在整个叙述中都基本不带情绪，讲到成绩下降也不会特别悲伤，讲到不想上学也没有明显的纠结，我望了好几次墙上的钟，终于到了快要结束的时间。

快要结束的时候，他突然说："我小便总是很紧张，已经好久了，不知道怎么办。"这句话让我有点措手不及，我完全没想到他竟愿意讲如此隐私的事情，一时不知如何回答。我倒也看出他并非像表现出来的那样淡定、心如止水，他颓废无动力的表象之下，大约暗藏着不易察觉的波涛。

再次过来的时候，他一改前一次的勉强态度，虽然语气还是很冷淡，但会主动找话题来谈，开放程度好了不少，我倒有些受宠若惊起来。更意外的是，他告诉我困扰他几个月的小便问题，竟然奇迹般地好了，他自己也觉得很不可思议。我们一起交流的时间比较久了.之后，他才告诉我，因为我跟他说做治疗会尊重他的意愿，不会勉强他，这跟他以为的很不同，他以为医生一定会努力证明他有问题，接着说服他接受治疗。原来是这样小小的尊重，赢得了他的信任。

他说："要自己心情好一些，都是父母的期待，我自己并不觉得一定要心情好。"我看着他问："你是比较喜欢现在的状态吗？"他认真地想了想，说："也谈不上喜欢，只是不想别人逼着我改变。"接着，他说出了自己的困惑："父母做决定基本不会跟我商量，我很反感，我不想按照父母的设想生活，但也没有找到自己的方向。"

他叹了口气，接着说："我总是觉得迷茫、空虚。"像终于找到出口一般，他娓娓地讲起关于迷茫的话题，说三四年级时看了很多书，就开始思考人生的意义，上初中之后，更加迷茫，不知道未来想做什么，想过什么样的生活，觉得什么都没意思。我点着头，告诉他这确实是青春期孩子常见的困扰。他低着头，脸上的表情带着悲伤："很多时候，我看到周围其他人哭或者笑，都会很羡慕，觉得自己的情绪是被自己收起来，锁起来的，好像被谁下了催眠的暗示。虽然不觉得憋得难受，却有种怪怪的感觉。"我问他："这是从什么时候开始有的感觉呢？"他低着头想了很久，摇摇头："想不起来，好像我从小就这样。"顿了顿，他像想起什么似的说："以前哭的时候我都会告诉自己这是不对的，会刻意去克制。慢慢就形成一种惯性，我身边的人都觉得我很冷漠。"我没有马上问他觉得"哭是不对的"这样的想法是从何而来的，我看得出来，这个表面冷漠的孩子，内心充满着故事，随便去挖，很可能会触到他的伤口。最后，他跟我说："我觉得情绪是一个很危险的东西。"

他的平静、冷漠、无所谓、颓废，似乎找到了一些线索，表面平静的背后是压抑，冷漠的背后是害怕，无所谓的背后是觉得生活无意义，而颓废则是所有这一切的总和。

他讲到，自己小学时人际关系还可以，虽然没有很亲近的朋友，但至少是能融入班级的，也愿意表达自己的内心想法。上初中之后就不太一样了，跟同学没什么共同语言。为了交朋友，他选择事事迁就对方，不管心里多不舒服，表面都是谦卑和气的。他在家附近有几个从小到大的玩伴，小学的时候在一个班级上学，上初中后彼此联系就少了。他从不主动约同学出来，偶尔同学会临时约他，比如头天晚上突然约他第二天中午一起吃饭，他都准时赴约。不过，小孩子的邀约，会经常变动，有好几次他都已经到了约定的地点，等了一个多小时，他不催对方，也不联系问原因，就安静地等。结果对方过了许久才突然想起来这事，于是就发一条微信告诉他有其他事情，来不了了，他就自己悻悻地回去，也不发作，也不回对方。我于是问他："那下次对方再约你，你还去吗？"他说："去呀，他们本来就不是第一次放我鸽子了。"果然，几天之后，他又告诉我自己被同学放了鸽子，而且是几个同学约好去逛商场，其他几个人去其他地方逛了，独独撇下了他。他说这件事情的时候是笑着的，我很奇怪："你不生气吗？"他仍然笑着："肯定生气啦。"我仍然看不出他的愤怒，而且，无论多少次被放鸽子，他都从来不会直接跟对方表达任何的不满。

父母从小对他成绩要求很高，他要是成绩不好或不听话，便经常要挨打骂。不过，他爸妈的说法是："可能有时候着急，骂是有的，但很少动手打他。"爸爸妈妈或许无法理解，有一些恐惧，是不需要动手来实现的。他提到一件事：初一下学期期末考试因为成绩不好，拿成绩单给爸爸，爸爸什么都没说，只是脸色不太好看。他整个假期都小心翼翼的，话也不敢多说，天天自觉学习，一个多月都不开心。

休学在家期间，他说得最多的话就是"无聊"，他对什么都不太感兴趣，也很少有想要的东西。他说："我不知道怎么打发空闲时间，已经习惯了别人来帮我安排，一直比较被动。"小时候想要一个玩具，要在内心里准备一个星期才能跟爸妈说出口，有时候爸妈会答应，有时候会拒绝，拒绝的时候也不会告诉他原因。亲子之间的沟通极其简单，可以总结为"我想要个足球"，父母回答"可以"或"不可以"。被拒绝之后他心里肯定是不舒服的，但多是自己生闷气，从不会缠着父母要。渐渐地，他提要求的次数更少，现在他已经习惯对事情不抱期待。爸妈买什么，他就玩什么，爸妈买什么衣服就穿什么衣服，爸妈让自己做什么自己就乖乖去做，基本不表达自己的想法，更不会反抗。整个人都闷闷的、懒懒的。

他善于用"懒"来形容自己，认定自己做什么事情都无法坚持。我便听他详细讲来，怎么个无法坚持法。他说："我之前想学打乒乓球，爸爸教我，开始的时候我每天练六个小时，后来觉得太辛苦，手上都起了茧了，也没什么明显的进步，就放弃了。"我问他："一共练了多久呢？"他说："一个星期。"一个星期之内，维持运动员的训练量，他希望自己快速成才，结果后来不了了之。与此类似的还有，学打羽毛球，学木雕，学足球……他都中途放弃了。由此，他坚信自己是懒的，需要人督促，需要人逼。他总结得很到位："要我自己去做选择或者做承诺，我心里没底，担心自己做不好。"自己一直坚持玩游戏，并不是觉得游戏很好玩，而是很多时候看着游戏群里其他人在互相讨论，觉得很热闹，但他从不参与。在家里妈妈的话是最多的，爸爸和自己都比较少说话，妈妈经常找自己聊天，但都是自己听妈妈说，偶尔会插几句。自己跟父母提要求时，父母会同意他们觉得合理的要求，拒绝他们觉得不合理的要求，自己很少去尝试想尝试的事情。

有一次做家庭治疗，妈妈说到孩子最近心情不太好，因为孩子前几天想玩电脑，自己没有同意，接着表达了深深的担忧，怕孩子再次沉迷游戏。这个孩子突然激动起来，说："我有很多方法可以玩游戏，可以偷手机出来玩，可以去网吧！总是什么事都要听你们的，什么都是你们说了算！我现在也打得过你们了，也不怕你们了！"这个表面内向文静的孩子，仿佛突然变了个人，话里充满威胁。说这话的时候，他咬着牙齿，脸涨得通红，紧握着拳头，声音不大，但充斥着的愤怒震慑人心。治疗室里的氛围像凝固了一般，压抑得让人喘不过气来，他的爸爸妈妈低着头，不说话。我于是问他："你什么时候开始有这些想法的呢？"他说："一直都有。休学在家，父母一起骂我的时候，我心里就在这样想。"妈妈开始哭，一边哭，一边说："从来没想到他会这么想，我一直觉得自己对孩子很用心，付出很多，都是为了他好，没想到最后却是这样的结果。"我问她："你相信他会打你们吗？"妈妈哭着摇头："不会的，他还是在意我们的。"接着补充了她的反思："平时教育孩子的时候，他都从来不回应，也不吭声，虽然我们明显看得出来，他内心是不服气的，却怎么也撬不开他的嘴，也就只能多多地讲道理，试图说服他。"

原来他的沉默里，是无声的反抗。

爸爸表达得更直接："平时我们说他，他不满意，就会好几天不跟我们说话，最后要我们主动去哄他。有时候不满足他的要求，他不高兴，不说话，我们也会妥协，经过一番教育后，也会满足他。"顿了一下，爸爸总结说："大部分时候都是他说了算，不知道他怎么会觉得事事都要听我们的。"

这个孩子帮我们理顺了整个过程："爸妈跟我提要求的时候，我心里很不认同，但不会说出来，反正说出来他们也不会听，就保持沉默，结果他们就当我答应了，就会按照他们那一套来要求我，我当然不接受。"这种愤怒其实一直在积压，导致了他对父母的敌意。

我便鼓励他与父母商量玩电脑这件事。爸爸补充说："他只是说了想玩电脑，并没有明确说什么时候玩，玩多久，我们就直接拒绝了。"爸爸说自己其实并不反对他玩游戏，觉得玩游戏的人很聪明，只是担心孩子无法自控才干涉的。之后孩子在我的鼓励下，自己跟爸爸说："我就每天下午玩一个小时行不行？"爸爸立刻给予了肯定的答复。他脸上僵硬的表情这才放松下来，有了些笑意。这大约是他久违的用语言跟父母沟通的经历，跟父母表达自己的想法而得到尊重的经历。

也是这一次，我才知道他小学时曾踢过五六年的足球。对于小孩子而言，足球训练其实是非常辛苦的，他每天都要比其他人提早一个多小时到学校训练，还要完成正常的学业。他每天坚持去，感冒也不请假。按照他父母的说法："完全不需要叫，他每天都是自己起来，自觉地去学校，跟现在完全不同。"那时候，他是学校足球队的主力，经常代表学校到其他地方参加比赛，班上的同学没有人是他的对手。五年级时，他在踢球时不小心伤到了脚，导致骨折，休息了好几个月，这期间没有再碰球。好不容易把脚养好了，再上场却找不到原来的感觉。脚伤虽然好了，但只要天气变化就会痛，他也不敢过度运动。不得已，他放弃坚持了多年的足球。我问他："遗憾吗？"他很平静地说："还好吧，不太记得了。"父母也并没有看出他当时有明显的情绪变化，只是从此之后，他整个人就没有以前有活力了。

还有一件事也在这期间发生——他的妹妹出生了。他反复说，从四五年级开始，自己就像变了一个人，总是开心不起来，也没什么动力。"我也不知道是什么原因。"他总是如此回答。从他父母口中得知，妹妹比他小很多，两个人的性格完全不一样。妹妹活泼开朗，五六岁时已经知道主动做事情，嘴巴又甜，哄得爸爸妈妈喜笑颜开的。有意无意地，父母会将更多的注意力放在妹妹身上，喜欢逗妹妹玩。不过，他的父母坚持认为："他也很喜欢妹妹的，对妹妹很好。"言下之意，哥哥与妹妹之间是没有竞争的，妹妹的到来对哥哥也没有影响。我只是提醒他们："这个孩子有一个好像各方面都比自己优秀的妹妹。"

面对挑战或是面对比自己厉害的人，有的孩子会选择奋起直追，想方设法超越对方，这一般是内心力量足够、自信心较强的孩子的选择；有的孩子，则会选择放弃。比如，爸妈喜欢妹妹，那就让他们喜欢去吧，反正自己什么都做不好，干脆就什么都不做了，或者稍微试一下，一旦不行就不做了。很多家长会有一个认知误区，坚信颓废的孩子要骂，"骂醒"他们，他们自然就振作起来了。殊不知，有能力站起来的，才能被"骂醒"，已经"瘫在地上"的，没人帮助，是很难靠自己重振精神的。打骂，只会在已经瘫倒的孩子身上再加几块重石头，导致他们更深的自我放弃。

他有一段时间突然信心十足地说，过一两个月要去上学，让家里给他报补习班。他每天早早起床，认真去上课，上完课也会看看书，写写作业。一向不太擅长与老师交流的他，竟然跟补习老师关系很好，经常开些玩笑，相处过程很欢乐。我尝试问他担不担心回学校后再出现之前的问题，融不进班级。他非常乐观，认为自己已经想通了，不会再那么在意别人的看法，可以很轻松地上学，还补充说："现在对学习成绩看得也没那么重了，因为我爸妈说不在意我的成绩，只要我尽力就好。"

父母十分欣慰，仿佛就要到达胜利的彼岸了，又是联系学校，帮他转到熟悉的老师的班级，让老师对他更照顾一些；又是让同学来找他谈心，让他不要有心理负担；又是带他出去旅游散心，让他放松心情……每天忙碌地做着准备，等待着他上学的日子的到来。包括我在内，我们都不去想，他是否有可能去不了，大家满怀期待，倒数着日子。

在上学日期前一周，他坐下来，给了我一个大大的意外："医生，你能不能跟我的父母说，让我下学期再去上学？我觉得我还没准备好。"我没有答应他的要求。我尝试跟他做一些分析，让他表达具体的担忧，想跟他一起探讨一下应对的方式。他的态度急转直下，回答很敷衍。看得出来，他的大脑已经屏蔽了我全部的信息，他带着明确的目标：劝服我父母。我于是鼓励他自己去跟家人谈。他无奈，勉强答应。后来，我了解到，他跟父母说得也很简单："我不想去上学了，我要下学期再去。"无论父母怎么劝，都无济于事，他一点不松口。对于之前的承诺，他也似乎完全没有印象，坚持认为父母再劝就是逼他。他说："即使我因此没有书读，我也自己承担后果。"一句话，让所有人哑口无言。

这件事情过去之后，他才稍稍表达一点原因："我想起来要过集体生活还是很害怕，我中途插入这个班级，不知道怎么跟他们交流，我害怕又像初二的时候一样。"父母无奈，只能暂时妥协，安排他去打工。他像补偿一般，立刻答应去电脑店里当学徒，然而，就如我们担心的，一天之后，他回来哭了一场，便再也不肯去。原来是电脑店里的年轻小伙子取笑他这么小就不上学，说他是不是心理有问题等，他当时一声不吭，回家后便大哭一场，怎么都不肯再去。我想，这是家人因急于缓解他不去上学的焦虑而做出的安排，而他似乎是为了弥补自己出尔反尔的失信，想当然地答应下来，结果深受打击。妈妈告诉我："我太失望了。"我明白妈妈的失望，不过这样的失望于孩子全无用处，这样不断站起来又退回去，不断振作又颓废的过程，对所有人来说都是巨大的挑战。显然，他们全家对于这样的挫败都毫无应对能力。

在临床中，我发现了一个很有意思的现象，父母们好像总以为孩子的成长会是一帆风顺的，从不做孩子会失败、会倒退的准备。比如成绩，父母们总是希望自己的孩子是不断进步的，所以面对每次的考试结果，照例的回应便是："继续加油，争取下次更好。"所以，孩子只要一次考试没考好，便战战兢兢，不知所措，感觉辜负了父母的期望。然而，考试结果谁又能完全保证呢？又比如，每一个厌学孩子的家长找到我的时候都会说："我做梦都没想到，这样的情况会发生在我的孩子身上！"

我们总是杜绝不好的事情发生，从不做准备，也不会教给孩子失败、挫折、难题出现时的应对之策，而是寄希望于上天保佑，孩子争气，这样就可以少很多麻烦，避免一番折腾。很多家长无法接受，孩子的成长就是不断制造麻烦，让家长措手不及和不断失望，进而接受他就是一个"熊孩子"的过程。家长不喜欢"熊孩子"，喜欢"乖孩子"，哪怕这样的乖是以小心翼翼为代价。另一方面，家长们总觉得说"失败""困难"是一件不吉利的事情，说不定说了就会成真，孩子就会不努力，因此，才有了要说吉利话，要说好话。因此，在内心里，我们对于失败和挫折是没有准备的，我们相信：只要不准备，就不会用到。殊不知，害怕失败，才是很多孩子不敢尝试的根源。

面对这对焦虑异常的父母，我只有反复告诉他们："尽量不要骂他，给他一点时间。"妈妈回答说："我真的很难做到，看到他垂头丧气的样子我就来气。"妈妈焦虑异常，一个月内瘦了十几斤。夫妻俩单独来找我，寻求支持。她说："我努力克制，但有时候还是忍不住对他发火。"她满脸忧愁地望着我，说："家里的亲戚朋友都不理解我们，只会说让我们逼他去上学，不上学就让他去工作，觉得是我们太宠他。"我静静地听她说，明白这个过程，对父母和孩子，包括对我自己，都是考验。父母反复说："我们真的担心他自暴自弃，一辈子都这样了。"我认真地跟他们说："我们现在做的事情，不就是让他不要放弃自己吗？"父母点头，终于找到了自己坚持的意义。

　　他果真彻底颓废起来。每天睡十三四个小时，还不停地打哈欠，连最喜欢的游戏也不再玩了，每天除了吃饭，几乎都是在睡觉，体重在一个月之中上升了近二十斤。他还是每次都准时来，却从不主动说话，他说自己现在的状态没什么不好，自己也不难受。我问他："那我能做点什么呢？可以叫醒你吗？"他很肯定地回答："不能，你只能等，等到我愿意醒来的时候。"我又问："你相信自己会醒来吗？"他说："我不知道。"我告诉他："我相信你会的。"他低着头，没有说话，但我看到他脸上的表情变得柔和起来。

　　他后来跟我说："我这段时间觉得跟父母的关系好了一些。"我询问原因，他摇摇头，说："我也说不清，只是感觉。"我想，他是感觉到了父母对他的接纳和信任。我会跟他反馈他父母找我谈了话，包括谈话的主要内容，跟他澄清他爸妈有时候情绪失控的原因。他安静地听，偶尔点头。我知道这个过程对他有意义，他需要相信，他信任的人会在他身边，支持他。

　　这样"睡"了一个多月之后，某一天，他突然告诉我他要去亲戚家打工，因为借了爸爸的钱买喜欢的键盘，所以要想办法挣钱。欣喜之余，我详细地跟他讨论可能会遇到的困难，以及可能无法坚持的原因，他很惊讶，不过并不抗拒，他知道我是相信他的。我只是想告诉他，无法坚持也是情理之中的，他擅长的是用自责和愧疚惩罚自己，而这样的惩罚会让他更加一蹶不振。接受失败并不会让孩子刻意去失败，而是让他们更有勇气去尝试。果然，他去了一整天之后，同样遇到了亲戚家年轻员工的询问，他又心生退意。好容易让妈妈忍住没有表达她的失望，而是积极地了解原因，跟孩子一起商量对策，最后，他答应换一个办公室，每天去半天，并一直坚持了下来。拿到工资的那天，他给了爸爸妈妈一人一百块作为父亲节和母亲节的礼物，说："我不知道买什么，就给钱让他们自己买。"他脸上满是自豪的笑容。

到了九月，他就必须要回校上学了，我问他："准备好了吗？有把握吗？"他想了想，说："不算有把握，但应该没问题。"显然，这是一个经过深思熟虑的答案，不是一时兴起的自我证明。我不知道是否会一切顺利，但至少，他慢慢能够正视失败，不再如鸵鸟般一头扎进泥里昏睡，那一切便不再是问题。

颓废的孩子，最需要的是时间，而焦虑异常的父母，最怕的就是时间。"怎么还没好起来？""整天垂头丧气，我真怕他一辈子都这样，看着心里就来气。""要等到什么时候是个头啊？"焦虑的父母最害怕的就是无尽的等待，会觉得一年半载的等待，代表的是一辈子都不会有变化，心急如焚之际，恨不能有灵丹妙药，或者是一针下去，孩子立刻就好起来，重新变得开朗、积极、阳光起来。

可惜，世上没有这样的药。给孩子时间，等待孩子成长，就是最有效的灵药。

等待，传递的是信任，是相信孩子可以靠自己一步步成长，是在孩子失败时不灰心、不放弃，这原本就是最有效的鼓励。十几岁的孩子，人生才刚刚开始，拥有大把的时间，等不起的是内心焦虑的父母，父母们且告诉自己，"来得及，来得及，再给孩子一些时间吧"。